Das Rad/Schiene-System der Eisenbahn

Rainer Fleiss

Das Rad/Schiene-System der Eisenbahn

Springer Vieweg

Rainer Fleiss
Kronberg, Deutschland

ISBN 978-3-662-72158-2 ISBN 978-3-662-72159-9 (eBook)
https://doi.org/10.1007/978-3-662-72159-9

Die Deutsche Nationalbibliothek verzeichnet diese Publikation in der Deutschen Nationalbibliografie; detaillierte bibliografische Daten sind im Internet über https://portal.dnb.de abrufbar.

Springer Vieweg ist ein Imprint der eingetragenen Gesellschaft Springer-Verlag GmbH, DE und ist ein Teil von Springer Nature.
Die Anschrift der Gesellschaft ist: Heidelberger Platz 3, 14197 Berlin, Germany

Vorwort

Nach dem Studium des Allgemeinen Maschinenbaus an der damaligen TH Darmstadt erlernte ich das ABC der Eisenbahntechnik bei Henschel in Kassel, ging dann zurück zur THD an den Lehrstuhl für Maschinenelemente und Konstruktionslehre und wurde dort mit dem Thema *Das Radial- und Axialverhalten von Zahnkupplungen* promoviert. Es folgte eine Tätigkeit als Versuchs- und Entwicklungs-Ingenieur bei der Firma A. Tschan KG, Neunkirchen/Saar, wo ich Erfahrungen in der Antriebstechnik sammeln konnte. Mit dem Verkauf der Firma an ein Konkurrenzunternehmen endete meine Tätigkeit dort, und ich schloß mich der Firma KWU, später Siemens Kraftwerkstechnik, Offenbach bis zu meinem Arbeitsende an. Dort war ich zunächst als Berechnungsingenieur tätig, später als Versuchsingenieur für Ventilerprobung, Wärmeübergangsmessungen, Katalysatoren u. a. m.

Ich habe die Eisenbahntechnik nie aus den Augen verloren, und so wandte ich mich im Ruhestand wieder diesem Thema zu. Durch Literaturstudium und Kontakte zu DB, Industrie und Hochschulinstituten habe ich mir den aktuellen Stand der Eisenbahntechnik erarbeitet. Dabei sind meine Schwerpunkte der Rad/Schiene-Kontakt und lauftechnische Probleme wie z. B. Bogenkräfte und Entgleisung. Dafür wurden im Laufe der Jahre diverse Berechnungs- und FEM-Programme sowie Auswertungssoftware auf dem PC entwickelt, deren Resultate dann in einschlägigen Fachzeitschriften veröffentlicht worden sind. Gerade FEM-Programme erfordern viel Erfahrung, wenn man belastbare Ergebnisse erzielen will.

Bei diesen Problemen kommen mir die diversen Erfahrungen meiner früheren Tätigkeiten in der Antriebs- und Versuchstechnik zugute: Sie verringern auch die Gefahr einer Betriebsblindheit. Über meine Promotionstätigkeit hatte ich Beziehungen zur Forschungsvereinigung Antriebstechnik (FVA) und hatte Kenntnis von deren Problemen mit Laufverzahnungen und Wälzlagern, die sehr ähnlich gelagert sind wie die in den letzten Jahren entstandenen Probleme der Rollkontaktermüdung bei Eisenbahnschienen – nur sind sie schon viel früher aufgetreten als bei der Eisenbahn. Hier hätte man voneinander lernen können.

Abschließend möchte ich dem Springer-Verlag Dank aussprechen für eine vertrauensvolle und hilfsbereite Zusammenarbeit sowie meiner Ehefrau Gudrun für ihre Geduld und ihren gelegentlichen Zuspruch.

Kronberg
Mai 2025

Dr.-Ing. Rainer Fleiss

rainer.fleiss@t-online.de

Interessenkonflikt Der/die Autor*in hat keine für den Inhalt dieses Manuskripts relevanten Interessenkonflikte.

Inhaltsverzeichnis

1 Einleitung

Die Eisenbahn ist ein spurgeführtes Verkehrssystem, dessen Kernkomponenten das Rad mit dem charakteristischen Spurkranz und die Schiene sind. Ebenso kennzeichnend ist die konische Lauffläche der Räder und die damit erforderliche Neigung der Schienen jeweils nach Innen. Typische Werte dieser Neigung sind 1:40 entsprechend 1,43° (Deutsche Bahn DB) oder 1:20 entsprechend 2,86° (Französische Staatsbahn SNCF). Mehr darüber ist den folgenden Kapiteln zu entnehmen.

Die ersten Anfänge der Bahn reichen zurück bis in das 16. Jahrhundert, als man in den Bergwerken Holzkarren auf Rädern, sogenannte Hunts, zum Abtransport der Gesteine nutzte (Abb. 1.1). Diese hatten bereits den charakteristischen Spurkranz, liefen aber auf Holzbohlen. Von *Eisenbahn* kann man erst sprechen nach den Erfindungen der Dampfmaschine und der Lokomotive (Watt und Trevithick) Ende des 18. Jahrhunderts. Nunmehr wurden Rad und Schiene zunächst aus Gusseisen, später aus Schmiedeeisen gefertigt (Abb. 1.2 und 1.3). Es war ein langer Entwicklungsweg bis zu den heutigen hoch entwickelten Erzeugnissen, sowohl metallurgisch als auch herstellungsmäßig, welche nunmehr geschmiedet bzw. gewalzt werden (Abb. 1.4 und 1.5). Diese Entwicklung geht aber weiter, z. B. beim Gleis von der Holzschwelle über die Betonschwelle (Abb. 1.4) in Richtung Feste Fahrbahn (schotterloses Gleis, Abb. 1.6) oder beim Rad z. B. hinsichtlich Verringerung der Geräusch-Emissionen.

Eine Sonderstellung nehmen die Y-Schwellen ein (Abb. 1.7). Jeweils zwei s-förmig gebogene Stahlschwellen sind miteinander verbunden und bilden eine Art Y. Dadurch erhöht sich der Längs- und Querwiderstand des Gleises erheblich. Auch bauen Y-Schwellen niedriger und schmaler als normale Schwellen. Nachteilig sind jedoch der höhere Preis und vor allem, dass maschinelles Stopfen des Gleises mit normalen Maschinen nicht möglich ist.

R. Fleiss, *Das Rad/Schiene-System der Eisenbahn*,
https://doi.org/10.1007/978-3-662-72159-9_1

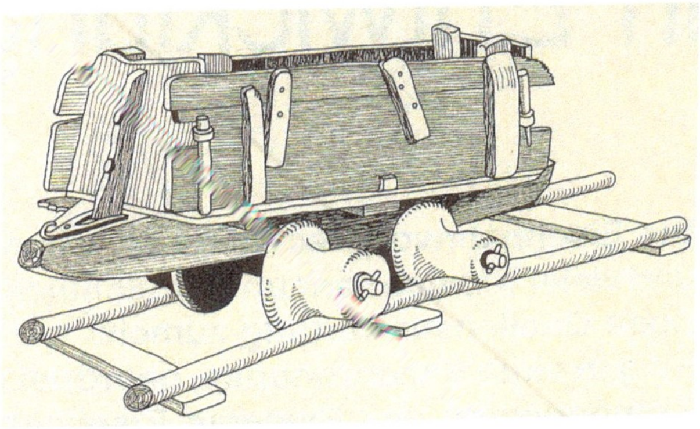

Abb. 1.1 Hunt, Holzkarre in mittelalterlichen Bergwerken. (Quelle: [1])

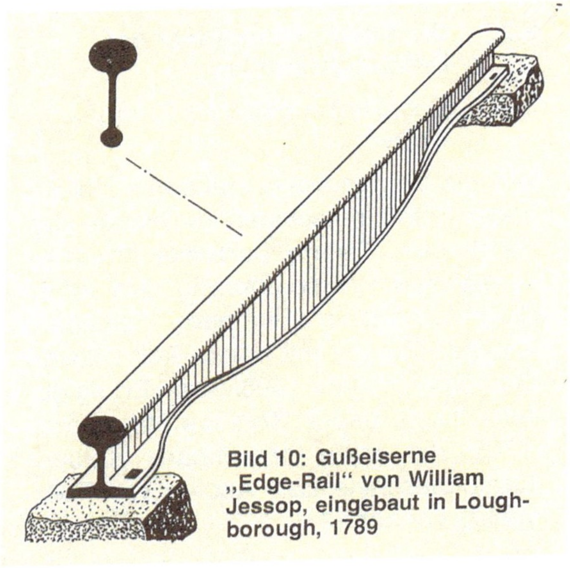

Abb. 1.2 Gusseiserne Schiene. (Quelle: [1])

Desweiteren zeichnet sich eine Entwicklung in Richtung Kunststoffschwelle ab. Diese bestehen aus teilweise wiederverwertetem Kunststoff und sind stahlarmiert. Sie sollen die gleiche Lebensdauer haben wie Betonschwellen, jedoch

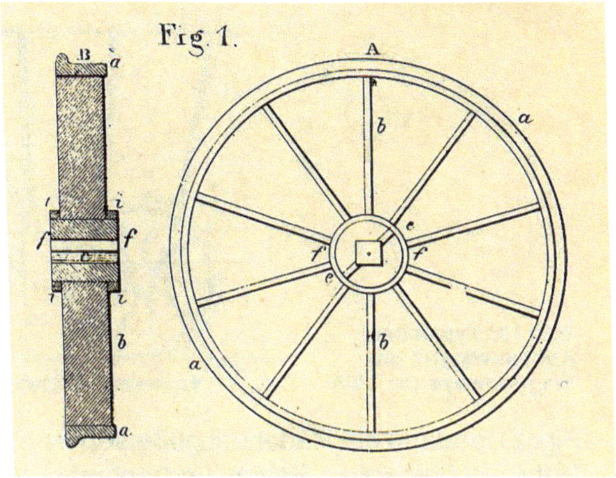

Abb. 1.3 Geschmiedetes Rad einer Lokomotive. (Quelle: [1])

mit geringeren Lebenszyklus-Kosten. Endgültige Aussagen darüber kann man aber erst in etwa zehn Jahren machen.

Die Räder waren aus Verschleißgründen ursprünglich bereift; auf die Radscheibe bzw. auf den Radstern wurde ein Reifen mit dem Spurkranzprofil aufgeschrumpft und mit einem Sprengring gesichert (Abb. 1.8). Das war bei Rädern für Dampfloks mit Durchmessern bis zu 2,30 m eine wirtschaftliche Notwendigkeit (Abb. 1.9), und man wandte diese Technik auf alle Räder an.

Mit steigenden Achslasten und höheren Geschwindigkeiten kam es aber immer wieder vor, dass sich die Radreifen lösten, und man ging nach der Dampflok-Ära auf einteilige Räder über, so genannte Monobloc-Räder. Zunächst waren aus Gründen der Kranbarkeit zwei Bohrungen in der Radscheibe angeordnet, die man aber später vermied, weil sie gelegentlich Ursache und Ausgangspunkt von Radscheibenbrüchen waren. Bereifte Räder gibt es jetzt nur noch bei Straßen- oder U-Bahnen, wenn die Radscheibe aus Aluminium besteht.

Man ist geneigt, die Lauftechnik der Eisenbahn mit derjenigen des Automobils zu vergleichen. Dabei gibt es aber grundlegende Unterschiede, wie beispielsweise aus Abb. 1.10 bei Kurvenfahrt ersichtlich ist: Ein Auto besitzt in aller Regel gelenkte Vorderräder und starre Hinterräder, wobei alle Räder frei laufen können. Eisenbahnfahrzeuge haben in den meisten Fällen Radsätze (Abb. 1.11),

Abb. 1.4 Gleis mit Betonschwellen und Spuren einer Entgleisung

d. h. zwei Räder sind starr mit einer Welle verbunden, und diese Radsätze sind meistens ungelenkt im Fahrzeug- bzw. Drehgestellrahmen gelagert. Dieser Umstand führt in Gleisbögen zu mitunter hohen Zwangskräften, welche die Radsätze zu Schwingungen anregen. Diese machen sich infolge der großen abstrahlenden Oberfläche der Räder als Lärm bemerkbar.

Der Blick auf Abb. 1.10 suggeriert, dass bei einem Eisenbahn-Laufwerk beide Radsätze in der gleichen Spur laufen. Das ist aber nicht zutreffend, wie in Abschn. 4.1 näher erläutert wird. Allerdings streut der Abstand der Spuren nur zwischen 0 und etwa 20 mm, je nach Verschleißzustand von Rad und Schiene.

Es gab und gibt immer wieder Versuche mit Lenkradsätzen, gesteuert wie ungesteuert, aber diese haben sich allgemein nicht durchsetzen können. Die

Abb. 1.5 Radsatz für Schnellfahrzeuge mit zusätzlichen Bremsscheiben

einzigen, dem Autor bekannten Fälle sind die Drehgestelle der Schweizer Lok Re460 (Kreuzankerprinzip), die zwangsgesteuerten Radsätze in den Drehgestellen (HTR-Trucks) der SD70AC-Dieselloks von Progress Rail (früher EMD), die Laufräder des Talgo-Zuges und die Drehgestelle der südafrikanischen Eisenbahn SAR, entwickelt von Scheffel [3]. Diese sind auf dem Kapspurnetz der SAR (1067 mm Spurweite) eingesetzt und haben infolge Spurkranzschwächung eine größere Laufbreite des Rades. Somit ermöglichen sie auch eine größere Variation des Radienverhältnisses der konischen Lauffläche bei gleichzeitig geringerer Radiendifferenz des Kapspurgleises gegenüber der Normalspur. Die Einführung dieser Technik bei der normalspurigen schwedischen Erzbahn LKAB ist gescheitert [4], sodaß diese wieder auf den vorherigen Drehgestelltyp (AAR-Standard[1]) zurückgreifen musste.

[1] AAR → Association of American Railroads.

Abb. 1.6 Gleis mit schotterlosem Oberbau (System ÖBB-Porr), sogenannte Feste Fahrbahn FF

Abb. 1.7 Y-Schwellen in einem Normalspurgleis

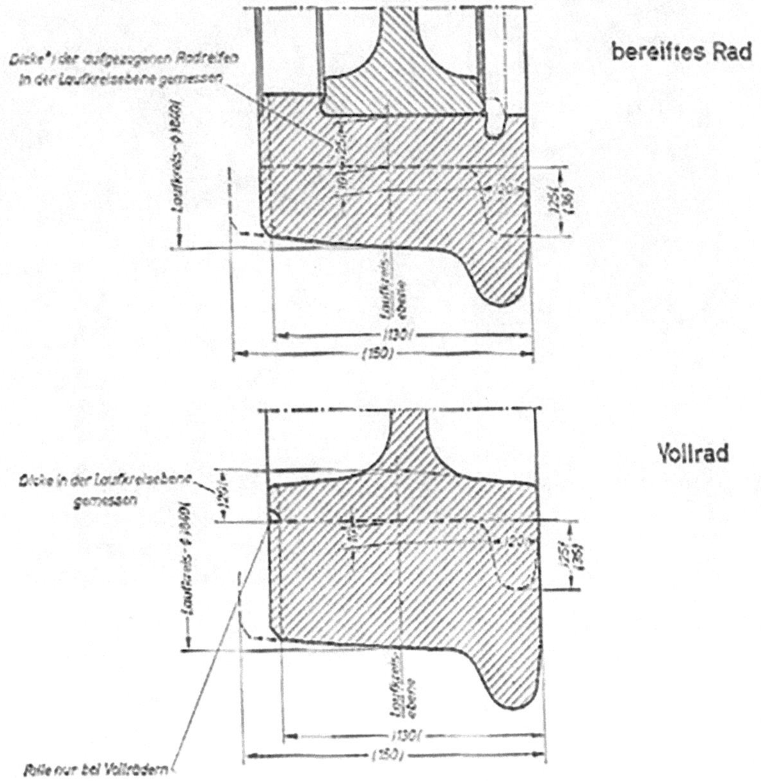

Abb. 1.8 Radreifen auf Radscheibe aufgeschrumpft. (Quelle [2])

Abb. 1.9 Speichenräder einer Dampflok

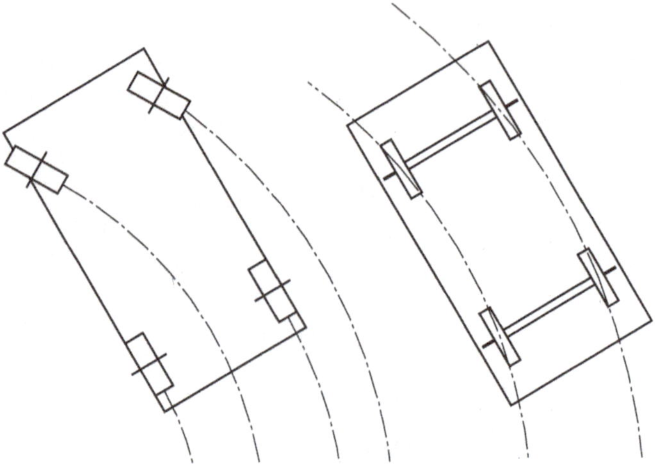

Abb. 1.10 Spurführung bei Strassen- und Schienenfahrzeugen

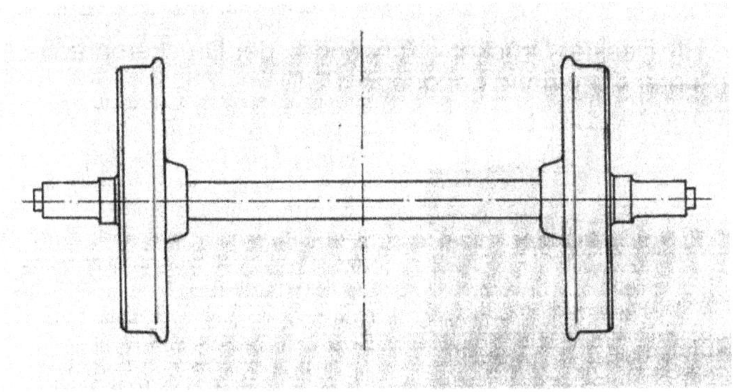

Abb. 1.11 Radsatz eines modernen Schienenfahrzeuges (Laufradsatz)

Literatur

1. Weigelt, H.: Die Vorgeschichte der Eisenbahn in Entwicklungslinien und Synchronopse. ETR 34 (1985), Heft 1/2, S. 23–77
2. Eisenbahn Bau- und Betriebsordnung (EBO)
3. Scheffel, H.: Der Einfluß der Radsatzführung auf den Verschleiß von Eisenbahnrädern. VDI-Berichte Nr. 820, 1990, S. 59–70
4. https://de.wikipedia.org/wiki/Bahnstrecke_Lulea_Narvik

Rad und Schiene 2

2.1 Profile

Der Kontakt Rad/Schiene ist das Schlüsselelement der Lauftechnik und entsteht an zwei unterschiedlich räumlich gewölbten Oberflächen. Deren Nachbildung und Berechnung ist sehr aufwendig und wird beispielsweise durch Programme von Kalker [1] oder diverse FEM-Programme geleistet, was aber größere Parameterstudien erschwert. Für die Mittelstellung des Radsatzes im Gleis und jeweils neue Profile ist das mechanische Ersatzsystem des Rad/Schiene-Kontakts die Paarung Walze/Walze um 90° verdreht (Abb. 2.1). Das bedeutet Punktkontakt mit entsprechend hoher Hertz'scher Pressung bei Belastung.

Das Radprofil ist im Neuzustand nahezu konisch, und daher wird die Schiene mit einer entsprechenden Neigung eingebaut. Wie vorab erwähnt, beträgt diese Neigung bei der Deutschen Bahn DB 1:40, bei der französischen Bahn SNCF beispielsweise 1:20.

Entscheidend für Laufqualität und Lebensdauer des Rades ist neben den metallurgischen Eigenschaften vor allem das Laufprofil. Es ist, wie bereits erwähnt, nahezu konisch, damit sich der Radsatz in der Geraden zentrieren und im Bogen zwangsfrei laufen kann (Abb. 2.2 und 2.3). Letzteres gelingt allerdings nur eingeschränkt für Gleisradien ab etwa 300 m, je nach Profilzustand des Rades. Das bei der DB übliche Profil hat die Bezeichnung S1002 und ist in der Norm DIN EN 13715 mit allen Maßen und Daten festgelegt.

Der betriebliche Normalfall sind jedoch unterschiedlich stark verschlissene Rad- und Schienenkonturen. Abb. 2.4, entnommen aus [2], zeigt die Profilveränderung eines Rades in Abhängigkeit des Laufweges. Es entwickelt sich ein Hohlprofil, und der ursprüngliche Konus geht verloren. Das hat Konsequenzen für die Lauftechnik.

R. Fleiss, *Das Rad/Schiene-System der Eisenbahn*,
https://doi.org/10.1007/978-3-662-72159-9_2

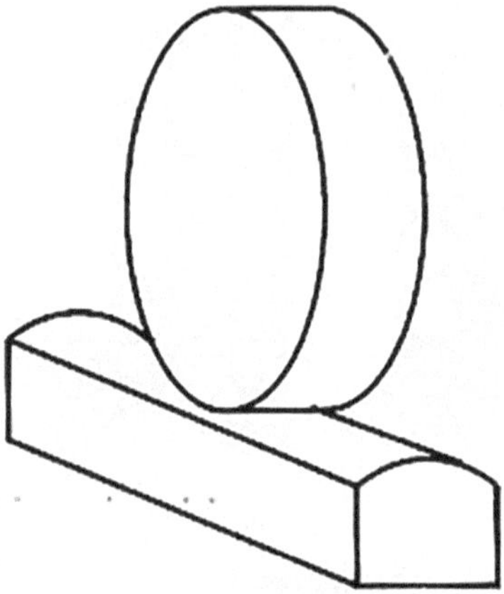

Abb. 2.1 Ersatzsystem Rad/Schiene für Hertz'sche Pressung: Walze/Walze 90° verdreht

Bei dieser Darstellung wird allerdings nicht so deutlich, dass auch der Spurkranz durch Verschleiß geschwächt wird. Das führt in aller Regel zu einem größeren Spurkranzwinkel (ursprünglich 70°), zu einem vergrößerten Spurspiel und zu einer Kante am Übergang zum unverschlissenen Spurkranz. Diese Kante kann im Extremfall scharf sein, Weichenzungen beschädigen und sogar Weichen aufschneiden, siehe Abb. 2.5, entnommen aus [3].

Schienenprofile gibt es in vielen Abmessungen, abhängig von der vorgesehenen Achslast. Die auf Haupt- und Neubaustrecken der DB derzeit übliche Schiene hat die Bezeichnung 60E1 bzw. 60E2 (früher UIC 60) und ist wie eine Vielzahl anderer Schienen in der Norm DIN EN 13674 definiert. Diese Schienen werden in unterschiedlichen Stahlgüten geliefert. Abb. 2.6 zeigt eine etwas vereinfachte Darstellung dieses Profils. Das Profil 60E2 unterscheidet sich lediglich im Radius der Fahrkante von dem Erstgenannten. Dieser ist geringfügig größer als beim Profil 60E1.

Auch die Schiene ändert unter Verschleiß ihr Profil (Abb. 2.7, entnommen aus [4]). Vor allem im Außenbogen, wo meistens der Spurkranz anläuft, wird die Fahr-

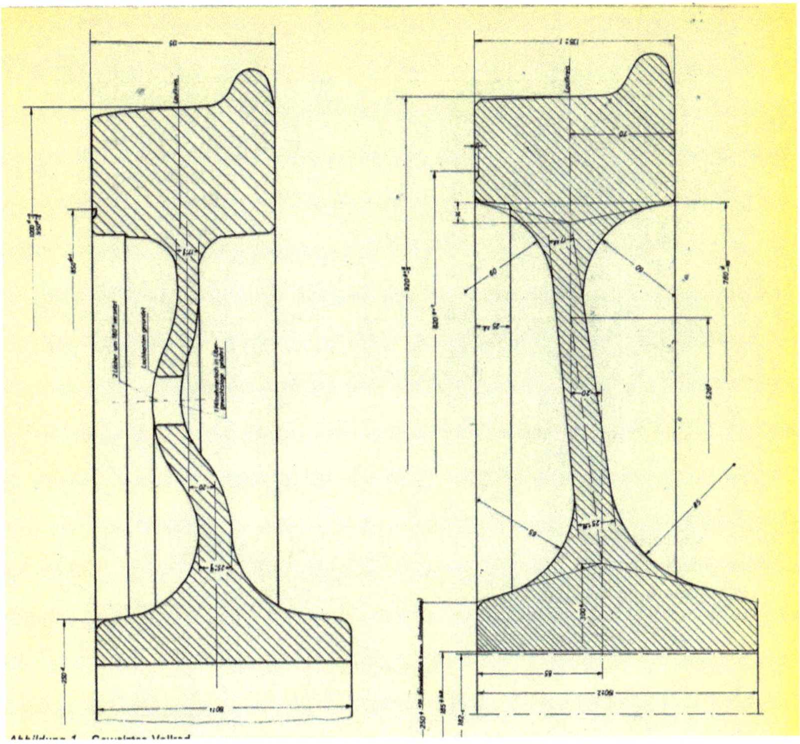

Abb. 2.2 Verschiedene Laufräder (Bohrung in der Radscheibe nicht mehr zulässig)

kante regelrecht weggefräst, und das Profil nähert sich örtlich dem verschlissenen Radprofil mit gleichem Flankenwinkel an. Bereits im teilverschlissenen Zustand spielt die ursprüngliche Einbauneigung der Schiene keine Rolle mehr.

Seit es Eisenbahnen gibt, sind auch unterschiedliche Spurweiten angewendet worden. Dabei reicht das Spektrum von 300 mm (Parkbahnen) bis 2000 mm (Standseilbahnen). Die Wahl der Spurweite hatte hauptsächlich wirtschaftliche Gründe, weil die Investitionskosten mit der Spurweite steigen. Gelegentlich spielten aber auch militärische Gründe eine Rolle, sodaß Nachbarländer bewußt unterschiedliche Spurweiten wählten wie z. B. die damalige Badische Staatsbahn mit 1600 mm gegenüber den Nachbarländern mit 1435 mm. Eine Auswahl der wesentlichen, d. h. mit großen Netzen gebauten Spurweiten ist in Tab. 2.1 zusammen gestellt. Tatsächlich gibt es aber weltweit etwa 50 verschiedene Spurweiten.

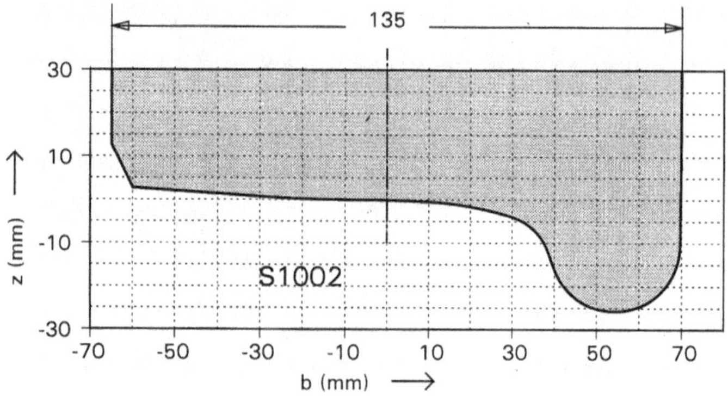

Abb. 2.3 Einheitsprofil S1002

Abb. 2.4 Radverschleiß bei unterschiedlichen Laufleistungen. (Quelle [2])

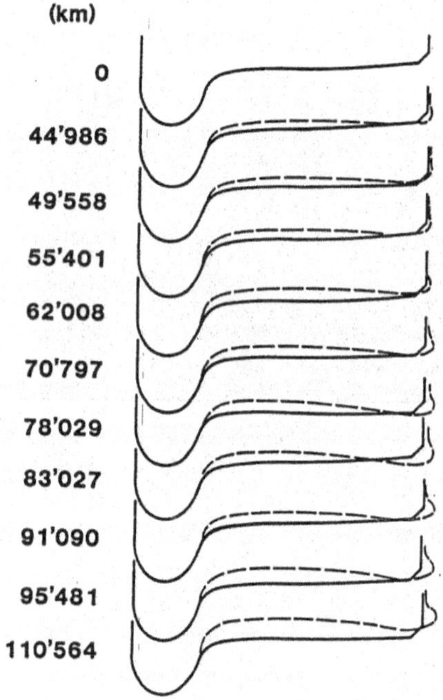

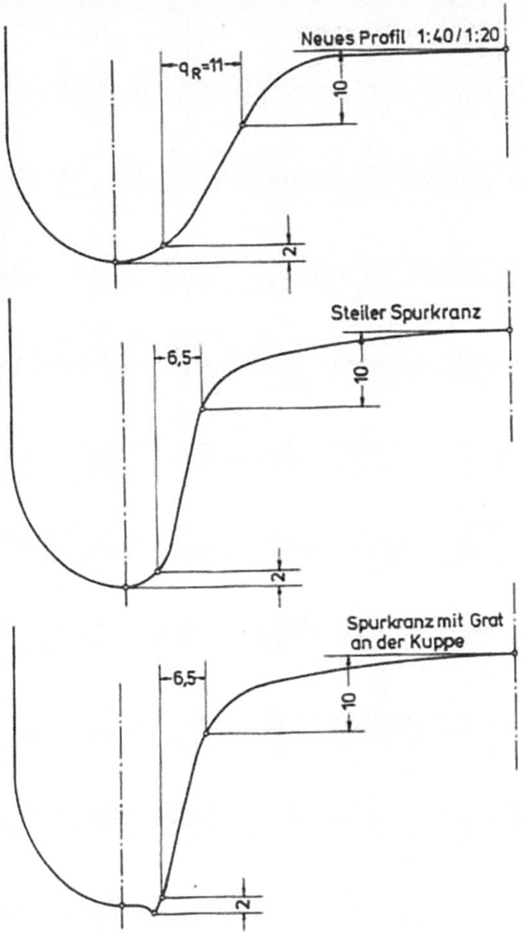

Abb. 2.5 Radverschleiß am Spurkranz

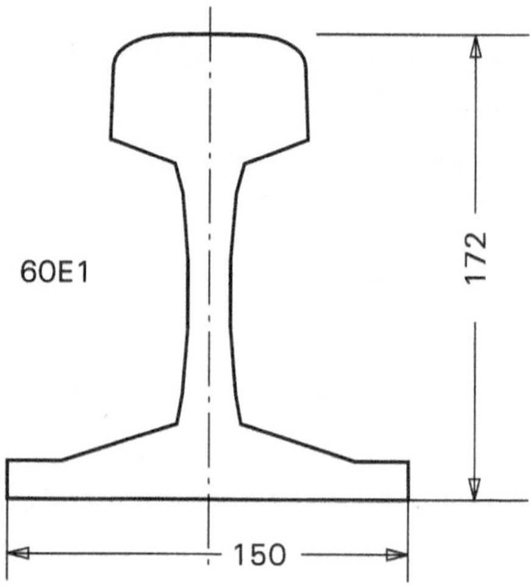

Abb. 2.6 Schienenprofil 60E1 (früher UIC60), vereinfachte Darstellung

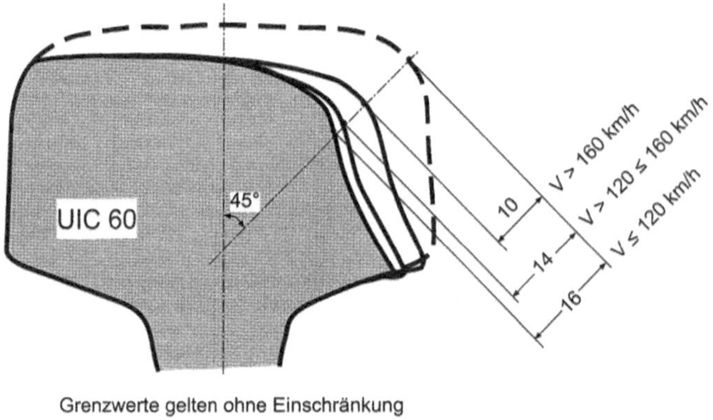

Abb. 2.7 Schienenverschleiß und zulässige befahrbare Geschwindigkeit. (Quelle [4])

Tab. 2.1 Wesentliche Spurweiten der Eisenbahnen weltweit

Spurweite (mm)	Bezeichnung	Land, Erdteil
1676	Indische Breitspur	Indien, Pakistan, Argentinien, Chile
1668	Iberische Breitspur	Spanien, Portugal
1600	–	Australien, Brasilien, Irland
1524	Russische Breitspur	Russland, ehem. Gus-Staaten, Baltikum
1435	Normalspur	Europa, Nordamerika, China, Welt
1067	Kapspur	Afrika, Asien, Japan
1000	Meterspur	Schweiz, Spanien, Afrika, Vietnam
760	Bosnische Spur	Österreich, ehem. Jugoslawien
750	–	Kleinbahnen in D, Brockenbahn

2.2 Gummigefederte Räder

Bei Straßenbahnen gibt es seit etwa 50 Jahren gummigefederte Räder. Damit hat man den Lärm beim Überfahren von Weichen und Kreuzungen gerade in der Innenstadt deutlich verringern können. Gummielemente unterbrechen die Schallbrücke Radaufstandspunkt/Radscheibe/Fahrwerk und verringern damit die Abstrahlfläche des Lärms erheblich.

Bei der Einführung der ersten ICE-Generation der DB stellte sich heraus, dass die Räder vor allem des Speisewagens Schwingungen und ein deutlich hörbares Brumm-Geräusch verursachten. Als Abhilfe wählte man gummigefederte Räder einer neuen Konstruktion (Abb. 2.8). Diese bestehen aus einem Radreifen mit Spurkranz, einem Gummiring mit v-förmigem Querschnitt, einem angeschraubten keilförmigen Ring und dem eigentlichen Rad. Diese Konstruktion führt bei jeder Überrollung zu einer örtlichen Biegebeanspruchung des Radreifens, welche vor allem bei abgenutztem Reifen zusätzliche Biegespannungen und somit Anrisse auf der Innenseite des Reifens verursachten. Diese Anrisse führten schließlich zum Bruch des Radreifens und damit zum Zugunglück von Eschede des ICE *C.W.Roentgen* im Jahre 1998 mit über 100 Toten und vielen Verletzten.

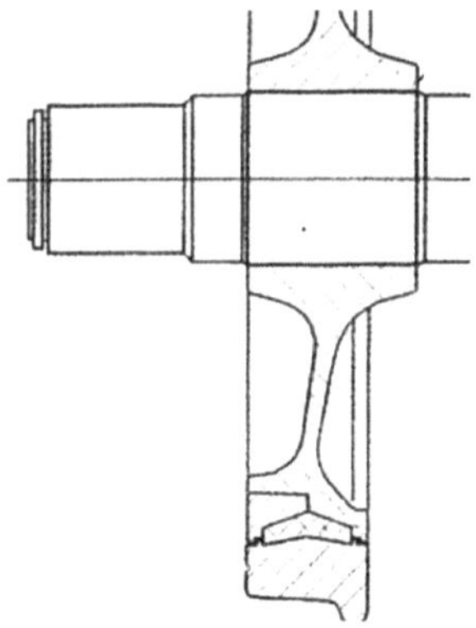

Abb. 2.8 Gummigefedertes Eisenbahnrad des verunglückten ICE *C. W. Roentgen*

Mehrere nationale und internationale Gutachter haben daraufhin die Ursachen untersucht und sich dabei auf den Radreifen konzentriert. Nach Meinung des Autors ist dabei die Rolle des Gummirings zu kurz gekommen: Dieser Ring ist eingekammert, d. h. er kann sich unter Last nicht verformen. Das bedeutet, dass er den vom angeschraubten Keilring auf den Gummiring aufgeprägten Druck voll an den Radreifen weitergibt und man infolgedessen den Anfangs-Spannungszustand des Radreifens vermutlich nicht kannte. Zusammen mit der vorab erwähnten Biegebeanspruchung kam es dann zum Bruch des Radreifens. Diese Räder wurden sämtlich ausgetauscht und nie wieder eingesetzt.

Bei Straßenbahnen mit ihren nur etwa halb so großen Radlasten wie bei Vollbahnen ist die Entwicklung jedoch weitergegangen. Es gibt zwei Konstruktionslinien: Eine mit radialer Druckbelastung der Gummielemente, die aber Luftspalte in Umfangsrichtung aufweisen und daher nicht eingekammert sind (Abb. 2.9), und eine andere mit Scherbelastung der jeweils doppelt angeordneten Gummischeiben (Abb. 2.10). Beide Bauweisen haben sich bewährt.

Abschließend sei auf die Literatur [5] zur Gestaltung und Berechnung von Gummifedern verwiesen. Ein eingekammerter Gummikörper verhält sich unter Druck wie ein Fluid und erträgt derart hohe Drücke, dass er selbst metallische Strukturen sprengen kann. Als kleine Fußnote ist zu erwähnen, dass für die Querkontraktion von Gummi nicht $\nu = 0{,}5$ einzusetzen ist, wie das in vielen Lehrbüchern und Nachschlagewerken steht, sondern ein kleinerer Wert, nämlich beispielsweise $\nu = 0{,}49$. Der Grund dafür ist die hier verkürzt wiedergegebene Formel für die Spannungsberechnung im dreidimensionalen Raum mit

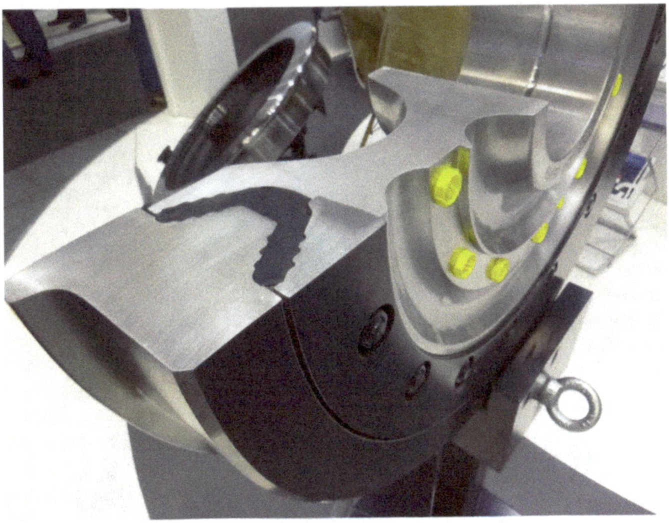

Abb. 2.9 Straßenbahnrad mit druckbeanspruchten Gummi-Elementen

$$\sigma_{xx} = E \cdot (1 - \nu)/(1 + \nu)/(1 - 2\nu) \cdot (\ldots.)$$

welche mit $\nu = 0{,}5$ zu unendlichen Werten führt und die Berechnung damit abbricht.

2.3 Radsatz-Anlenkung

Eines der wichtigsten Themen im Rad/Schiene-System ist die Anlenkung des Radsatzes an den Drehgestell- bzw. Fahrzeugrahmen, weil sie neben dem Profil von Rad und Schiene die Laufeigenschaften des Fahrzeuges bestimmt. Seit Beginn der Eisenbahn haben die Konstrukteure diese Mechanik immer weiter entwickelt. Hinsichtlich der Steifigkeit gibt es folgende Arten:

- längs starr
- längs elastisch
- quer starr
- quer elastisch

und eine Kombination dieser Parameter.

Abb. 2.10 Straßenbahnrad mit schubbeanspruchten Gummi-Elementen

Die klassische Radsatzführung bei zweiachsigen Wagen ist die Blattfeder mit der Aufhängung über jeweils zwei Schaken (Abb. 2.11). Die Achshalter begrenzen das Lagerspiel längs wie quer auf etwa ± 10 mm, und die Schaken müssen dieser Bewegung folgen. Damit ermöglichen sie dem Radsatz in Grenzen eine Radialeinstellung im Gleisbogen.

Diese Aufhängung ist eine Art mathematisches Pendel, dessen Eigenfrequenz näherungsweise bestimmt wird mit

$$F = 2\pi\sqrt{g/l} \quad \text{mit } g = 9{,}81\,\text{m/s}^2$$

$$l = \text{Pendellänge (m)}$$

Abb. 2.11 Achslagerführung eines Güterwagens

Man erkennt, dass die Frequenz ausschließlich von der Länge des Pendels, also der Schaken, und nicht von der Masse abhängt.

Ursprünglich waren die Schaken kurz (Abb. 2.12a), was zu einer relativ hohen Eigenfrequenz des Systems Radsatz/Fahrzeug führte, und das Fahrzeug je nach Achsstand eine kritische Geschwindigkeit (d. h. instabiler Lauf) von etwa 60…80 km/h aufwies. In den 1950er Jahren führte man Doppelschaken ein mit der dreifachen Länge der kurzen Schaken (Abb. 2.12b), und dadurch halbierte sich die Eigenfrequenz nahezu. Nunmehr durchfahren die Wagen (auch infolge größeren Achsstandes gegenüber früher) die kritische Geschwindigkeit problemlos und erreichen eine stabile Geschwindigkeit von >120 km/h. Damit ist für Zweiachs-Fahrzeuge ein Entwicklungsstand erreicht, der den aktuellen betrieblichen Anforderungen genügt. Die Schaken sind zwar Verschleißteile, haben aber genügend große Wartungsintervalle.

Bei vierachsigen Wagen ist zu unterscheiden zwischen Güterwagen und Personenwagen. Letztere benötigen wegen des höheren Fahrkomforts eine zusätzliche Federung zwischen Drehgestell und Wagenkasten, die sogenannte Sekundärfederung. Diese entfällt bei Güterwagen. Die Abfederung des Radsatzes wird auch als Primärfederung bezeichnet.

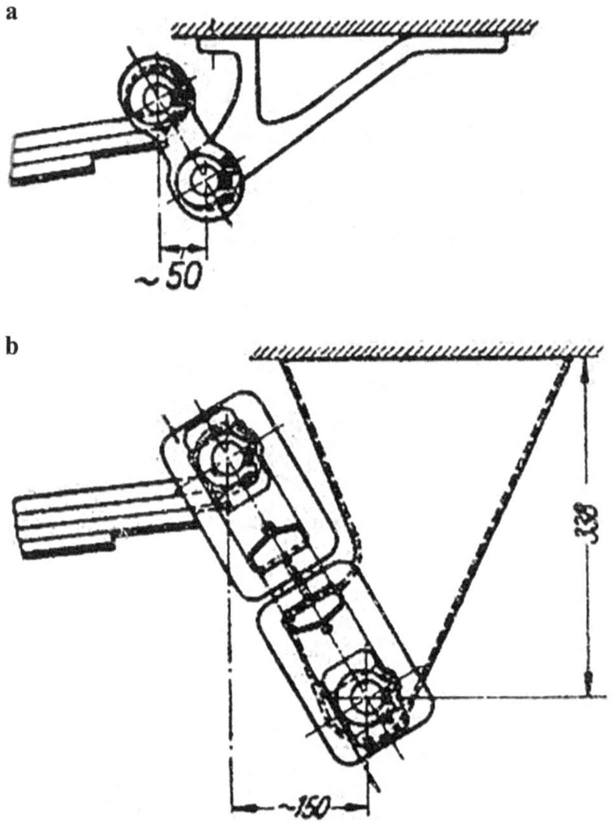

Abb. 2.12 **a** Schake eines älteren Güterwagens, **b** Doppelschake eines modernen Güterwagens

Bei Güterwagen-Drehgestellen gibt es zwei Arten der Achsanlenkung

- Führung des Achslagers nahezu spielfrei durch Gleitplatten (Y25-Drehgestell, Abb. 2.13). Abfederung durch Schraubenfedern und
- Führung des Achslagers mit Spiel über Blattfedern und Schaken (DB Bauart 650 von LHB, Abb. 2.14).

Abb. 2.13 Güterwagen-Drehegestell Y25 (UIC Einheitsdrehgestell)

Abb. 2.14 Drehgestell Bauart 650 der DB mit Blattfedern

Letzteres zeigt infolge der Elastizitäten in der Radsatzführung bessere Laufeigenschaften im Gleisbogen, während das Y25-Laufwerk bessere Eigenschaften im Geradeauslauf besitzt. Das gab den Ausschlag für die internationale Einführung von Y25 als Standard-Laufwerk für Güterwagen.

Das abgebildete LHB-Laufwerk ist eine Ausführung mit Reibungsklammern (Einzelblatt unterhalb der Blattfedern). Diese bewirken eine Dämpfung bei Vertikal- und Horizontalbewegung des Radsatzes. Das Y25-Laufwerk besitzt eine sogenannte Lenoir-Dämpfung (Abb. 2.15): Eine schräggestellte Schake der jeweils inneren Schraubenfeder der Radsatzlager drückt das Lagergehäuse über einen waagerechten Stößel gegen die Führung und erzeugt damit bei Einfederung eine dämpfende Reibungskraft.

Gänzlich anders ist die Situation bei den Laufwerken für Lokomotiven und Personenwagen. Sie müssen einen höheren Fahrkomfort bieten und sind für Höchstgeschwindigkeiten im Bereich 160…350 km/h ausgelegt. Außerdem müssen sie im jeweils zugelassenen Bereich bei allen Verschleißzustände von Rad und Schiene stabil laufen. Entsprechend vielfältig ist die Variation der Radsatz-Anlenkungen.

Abb. 2.15 Lenoir-Dämpfung des Y25-Drehgestells

Radsatz-Anlenkungen für Lok- und Personenwagendrehgestelle

Gleitbacken zur nahezu spielfreien Quer- und Längsführung des Achslagers (Abb. 2.16a). Dies ist die älteste Art der Achslagerführung mit einer exakt senkrechten und geradlinigen Führung. Die Gleitpartner unterliegen aber einem gewissen Verschleiß, sodaß diese Führung nur noch selten angewendet wird, z. B. in US-Dieseloks.

Säulenführung mit spielfreier Quer- und Längsführung des Achslagers (Abb. 2.16b). Sie ermöglicht ebenfalls eine exakte senkrechte Führung und wurde vor allem bei schweizer Loks (z. B. Re 4/4) und Personenwagen realisiert. Die zylindrische Führung ist eine geschlossene, ölgefüllte Kammer und dient gleichzeitig der Dämpfung. Diese Konstruktion ist aber aufwendig und teuer, sodaß sie heute nicht mehr angewendet wird.

Säulenführung mit runden Gummielementen (Abb. 2.16c). Diese Elemente führen und federn zugleich und haben daher weite Verbreitung vor allem bei Triebwagen gefunden (z. B. BR 330 der DB). Durch Unterbrechung des Gummirings jeweils gegenüberliegend kann man der Feder unterschiedliche Steifigkeiten in Längs- und Querrichtung verleihen.

Schräggestellte Gummischichtfedern (sog. Megi-Federn) sind paarweise im Winkel von 10…15° angeordnet und haben ebenfalls Führungs- und Federungsfunktion (Abb. 2.16d). Die Federn haben einen V-förmigen Querschnitt, um die Quersteifigkeit zu erhöhen, die aber für einige Anwendungsfälle

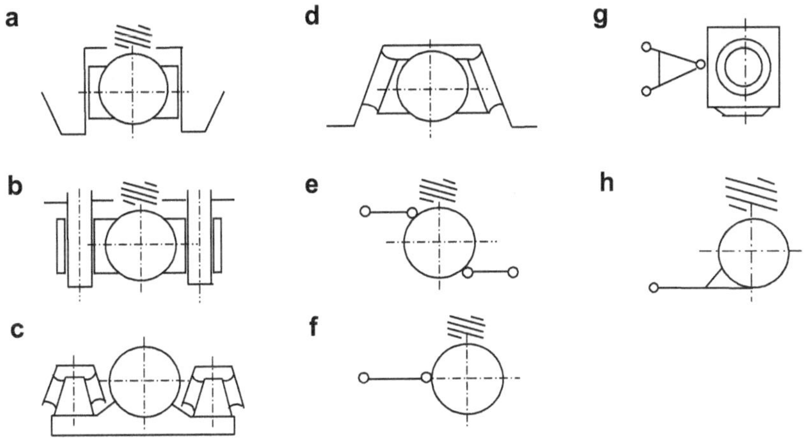

Abb. 2.16 Verschiedene Konstruktionen der Achslagerführung

nicht ausreichend ist (z. B. Starrahmenloks). Bei großer Querauslenkung werden die Stahlbleche zwischen den Gummischichte hoch belastet und brechen in der Knicklinie weg. Daher werden diese Federn kaum noch eingesetzt.

Lemniskatenführung (Abb. 2.16e) besteht aus zwei gegenüberliegenden Lenkern in unterschiedliche Höhe. Dadurch wird eine nahezu ideale Führung des Lagers erreicht (beispielsweise Triebwagen BR 320 der DB). Es hat sich im Laufe der Zeit jedoch herausgestellt, dass solch eine ideale Führung der Primärfederung gar nicht nötig ist und einseitige Lenker wegen der geringen Einfederung von etwa 20…30 % der Gesamtfederung ausreichend sind. Damit spart man einen Lenker und ein kurzes Sück des Drehgestellrahmens, was zu einer kleineren Einbaulänge des Drehgestells führt.

Zweipunkt-Lenker (Abb. 2.16f) sind einteilige Lenker und stellen das denkbar einfachste Führungselement dar, Der Federweg ist zwar eine Kurve, aber wegen der vorab erwähnten geringen Einfederung ist das lauftechnisch hinnehmbar. Allerdings benötigt diese Lösung eine Führung in Querrichtung, welche meist von der Primärfeder übernommen wird.

Dreipunkt-Lenker (Abb. 2.16g) übernehmen die Führung sowohl längs als auch quer.

Hebelarm-Lenker (Abb. 2.16h) haben eine ähnliche Funktion wie die Dreipunkt-Lenker, nur ist der Lenker ein mit dem Achslager-Gehäuse fest verbundener Hebelarm. Er führt ebenfalls in Längs- und Querrichtung und ist vor allem bei Waggons weit verbreitet.

Alle Konstruktionen haben Vor- und Nachteile und sind als Firmenentwicklungen meistens patentrechtlich geschützt. Das Entwicklungsziel ist auch hier eine möglichst preiswerte, verschleißfreie Lösung für den jeweiligen Einsatzfall. Dies erfüllen in vielen Fällen die Gummifedern, die aber bei Temperaturen unter -30°C an ihre Grenzen stoßen. Sie leisten jedoch einen wichtigen Beitrag zur Schalldämmung des Systems Bahn, indem sie den Körperschall der metallischen Strukturen des Laufwerks unterbrechen.

Eine Sonderstellung nimmt das Talgo-Laufwerk ein (Abb. 2.17). Es besteht aus zwei unabhängigen Laufrädern, welche in einem U-förmigen Rahmen geführt werden. Auf diesen Rahmen stützt sich jeweils ein Wagenende ab. Die Wagenenden sind gelenkig miteinander verbunden. Über ein Hebelwerk wird das Laufwerk im Gleisbogen jeweils in Radialstellung geführt. Damit wird ein optimales Laufverhalten erzielt.

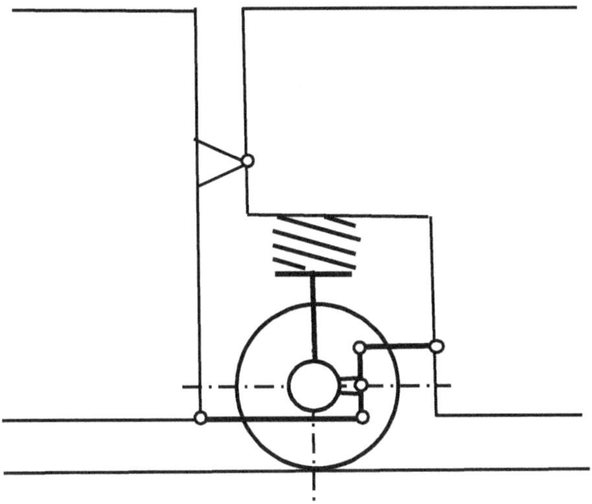

Abb. 2.17 Anlenkung der Räder des Talgo-Zuges

2.4 Radsatzlager

Radsatzlager sind ein Schlüsselelement der Fahrzeugtechnik, denn sie müssen lange Wartungsintervalle zuverlässig und störungsfrei überstehen. Ein Achslagerschaden kann zum Achsbruch und damit zu unübersehbarem Schaden am Fahrzeug wie auch am Gleisbett führen.

2.4.1 Gleitlager

Bis zum Ende des zweiten Weltkrieges waren Gleitlager der Standard für Lokomotiven und Wagen. Abb. 2.18 zeigt das Gleitachslager alter Bauart für Wagen der Deutschen Eisenbahnen. Im Oberteil des Lagers erkennt man die Lagerschale (geschwärzt), welche den halben Wellenzapfen umfasst und die Lagerkraft aufnimmt. Das untere Drittel des Zapfens ist in Kontakt mit einem in Öl getränkten gewirkten Textilkissen, welches die Schmierung des Lagers übernimmt. Dieses Kissen wird mit Federn an den Wellenzapfen gedrückt, um einen sicheren

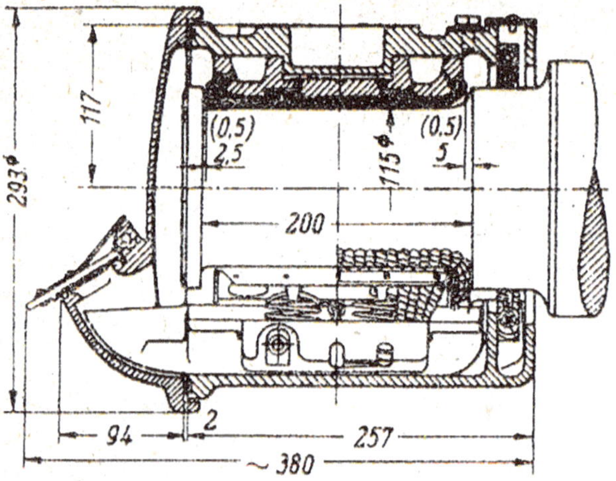

Abb. 2.18 Gleitlager alter Bauart. (Quelle [6])

Kontakt zu gewährleisten. Der untere Raum des Lagergehäuses ist mit Öl gefüllt, welches über die Einfüllöffnung links nachgefüllt werden kann. Eine ständige Füllung ist Grundvoraussetzung für eine zuverlässige Funktion des Lagers. Das bedarf der permanenten Überwachung und ist die Schwachstelle des Lagers wie auch des gesamten Fahrzeuges.

Gleitlager haben wie alle Maschinenelemente eine Reihe von Vorzügen und Nachteilen. Vorzüge sind

- sehr hohe Drehzahlen möglich
- geräuscharmer Lauf
- kompakte Bauweise
- gutes Dämpfungsverhalten
- Notlaufeigenschaft

Dagegen stehen die Nachteile

- eigener Ölkreislauf
- hoher Anfahrwiderstand

Die anfangs erwähnten Vorzüge sind für den Eisenbahnbetrieb nicht relevant. Das Lager ist nicht die primäre Geräuschquelle, sondern der Radsatz. Hohe Drehzahlen wie z. B. bei Turbinen kommen nicht vor, und der Einbauraum für das Lager ist ausreichend vorhanden. Dagegen sind die Nachteile der Gleitlager für den Bahnbetrieb gravierend: Ein eigener Ölkreislauf ist zu aufwendig; eine konstante Ölfüllung des Lagers muß ausreichen. Ist das Öl aufgebraucht oder aus anderen Gründen nicht mehr vorhanden, läuft das Lager trocken und wird heiß, was nach einer gewissen Notlaufzeit zur Zerstörung des Lagers mit allen Konsequenzen führt.

Ein weiterer gravierender Nachteil ist das Festsitzen des ruhenden Lagers. Bei langen Güterzügen war das Anfahren erst möglich, wenn die Lok die lang gekuppelten Wagen zunächst Stück für Stück (d. h. einzeln) zurück gedrückt hat, damit sich die Lager ein wenig gedreht und einen Schmierfilm aufgebaut haben, und dann erst war das Anfahren des Zuges möglich. Man nannte es damals das *Losreißen.* Das Zurückdrücken war mit einem ohrenbetäubenden Lärm verbunden, wenn die Puffer der Wagen aufeinander prallten. Das war vor allem nachts auf den Verschiebebahnhöfen für die Anwohner unerträglich.

2.4.2 Wälzlager

Sobald geeignete Wälzlager verfügbar waren, und das begann Ende der 1950er Jahre, wurden bei allen Waggons die Gleitlager durch Wälzlager ersetzt. Letztere sind mit einer Fettfüllung versehen, welche die üblichen Wartungsintervalle der Fahrzeuge zuverlässig übersteht. Das Anfahrproblem bei Güterzügen war damit gelöst, und auch Heißläufer gibt es nur noch selten. Zusätzlich gibt es Heißläufer-Ortungsanlagen, welche ein schadhaftes Achslager auf Infrarotbasis zuverlässig erkennen und melden.

Zylinderrollenlager

Die Standardausführung für Güter- und Personenwagen sind Zylinderrollenlager in paarweiser Anordnung (Abb. 2.19). Es gibt auch bei manchen europäischen Bahnen die Variante mit jeweils zwei Tonnenlagern. Diese Lager sind ausreichend bei Fahrzeugen bis etwa 200 km/h. Bei höheren Geschwindigkeiten erwärmen sich infolge höherer und häufigerer Axialkräfte die Lager zu sehr, weil die Wälzkörper an den Schultern der Lagerringe anschlagen und dort nicht ausreichend geschmiert sind. Daher werden bei höheren Geschwindigkeiten meistens Kegelrollenlager verwendet.

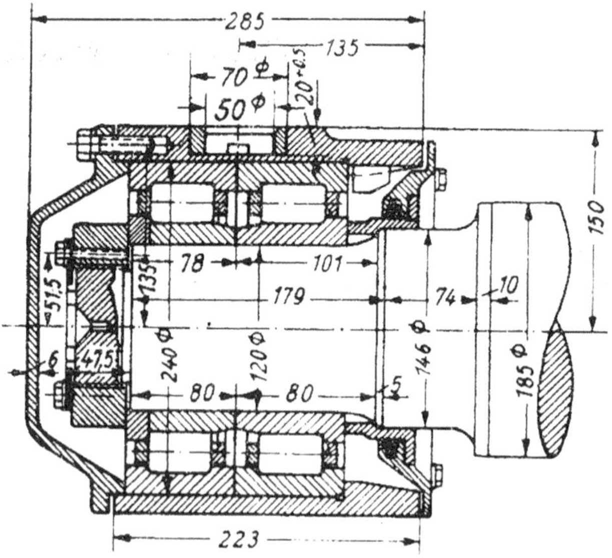

Abb. 2.19 Rollenachslager für Wagen aller Art. (Quelle [6])

Kegelrollenlager

Infolge der kegeligen Form der Wälzkörper wird ein Teil der Axialkraft als Normalkraft in die Lagerringe eingebracht, sodaß die Erwärmung des Lagers geringer als bei Zylinderrollenlagern ist. Am Rande sei erwähnt, dass die nordamerikanischen Bahnen von Anfang an für alle ihre Waggons Kegelrollenlager verwendet haben. Abb. 2.20 zeigt das Kegelrollenlager des ICE-Triebkopfes BR 401 der DB, welcher eine Höchstgeschwindigkeit von 280 km/h aufweist und daher Kegelrollenlagern anstelle von Zylinderrollenlagern besitzt.

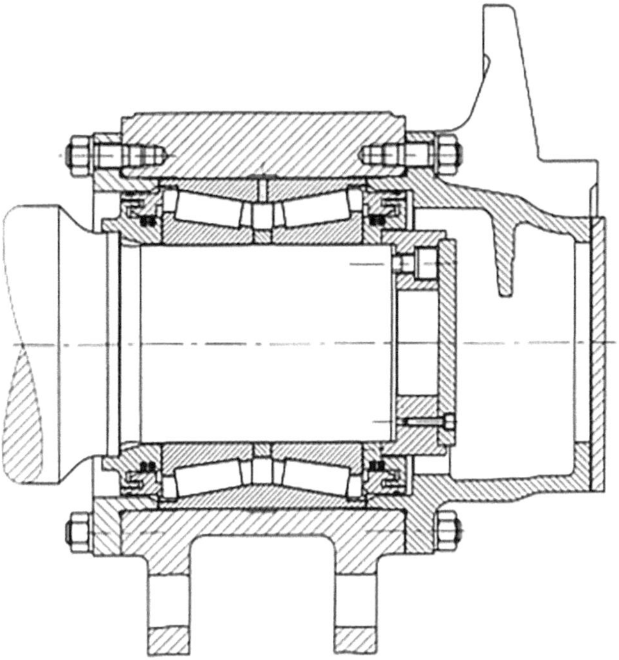

Abb. 2.20 Radsatzlager des ICE-Triebkopfes BR 401. (Quelle [7])

Literatur

1. Kalker, J.J.: Fast algorithm fort he simplified theory of rolling contact. Vehicle System Dynamics 11(1), 1982, S. 1–13
2. Müller, R., Diener, M.: Verschleißerscheinungen an Radlaufflächen von Eisenbahnfahrzeugen. ZEV#DET Glasers Annalen 119 (1995) H.6 S. 117–192
3. Krugmann, H.-L., Lauf der Schienenfahrzeuge im Gleis. R. Oldenbourg Verlag München Wien 1982
4. Lichtberger, B.: Handbuch Gleis, 3. Auflage, Eurailpress Hamburg 2010
5. Fleiss, R.: Berechnung und Gestaltung von Gummifedern. Z Konstruktion Juni 6, 2006, S. 83–90, Springer-VDI-Verlag
6. Hütte des Ingenieurs Taschenbuch. Verkehrstechnik. 28. Auflage. Berlin 1928. Verlag von Wilhelm Ernst & Sohn
7. Die Gestaltung von Wälzlagerungen, Schaeffler Technologies, Publ.-Nr. WL 200/5 DA

3 Kontaktgeometrie

3.1 Lage des Kontakts

Voraussetzung für die Ermittlung der Lage des Kontaktes ist die geometrische Beschreibung der kontaktierenden Oberflächen. Ein vom Autor entwickeltes Verfahren beruht auf einem Gitternetz mit etwa 0,5 mm Abstand von Punkt zu Punkt (siehe Abb. 3.1). Dieses Gitternetz wird in Dreiecke zerteilt, was hier aus Gründen der Übersichtlichkeit nicht dargestellt ist. Jedes Dreieck bildet eine Ebene, welche durch die Gleichung

$$A \cdot x + B \cdot y + C \cdot z + D = 0$$

definiert ist. Diese Gleichung in der Hesseschen Normalform lautet in Komponentenschreibweise

$$x \cdot \cos\alpha + y \cdot \cos\beta + z \cdot \cos\gamma - q = 0$$

Setzt man die Koordinaten x_P, y_P und z_P eines beliebigen Punktes P in diese Gleichung ein, so erhält man den Abstand dieses Punktes von der betreffenden Ebene. Diese Punkte P sind die Koordinaten beispielsweise des Rades im Kontaktbereich, und man erhält mit diesem Verfahren die jeweiligen Abstände dieser Punkte von den Dreiecken der Schienenoberfläche. Durch rechnerisches Absenken des Rades auf die Schiene (Interferenz) wird dieser Abstand negativ, und bei Minimalwerten von etwa −0,01…−0,05 mm Absenkung erhält man mit ent-

Ergänzende Information Die elektronische Version dieses Kapitels enthält Zusatzmaterial, auf das über folgenden Link zugegriffen werden kann https://doi.org/10.1007/978-3-662-72159-9_3.

R. Fleiss, *Das Rad/Schiene-System der Eisenbahn*,
https://doi.org/10.1007/978-3-662-72159-9_3

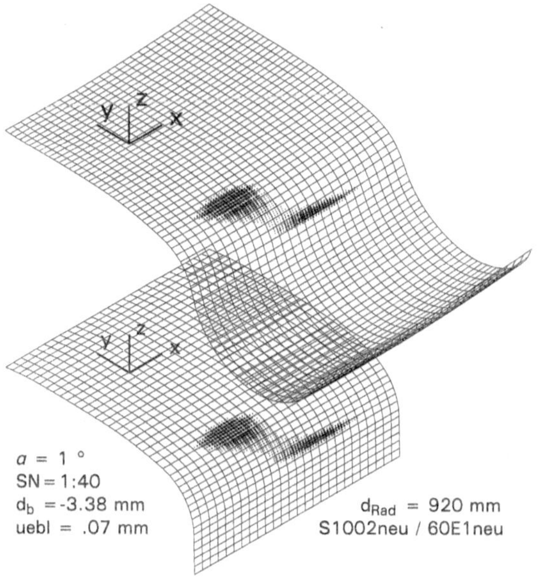

Abb. 3.1 Lage der Kontaktfläche von Rad und Schiene bei einem Anlaufwinkel von 1°

sprechender grafischer Auswertung ein Kontaktbild wie in Abb. 3.1 ersichtlich. Mit diesem Verfahren lassen sich also Lage und danach Mittelpunkt der Kontaktfläche bestimmen, nicht jedoch die Hertz'sche Pressung selber. Diese wird aber für die hier beschriebene Aufgabe nicht benötigt. Die genaue Vorgehensweise mitsamt einem kleinen EDV-Programm kann dem Anhang A1 und A2 entnommen werden.

Bei einer Spurweite von 1435 mm und dem Radsatz in Mittellage ist der Abstand von Radmitte zur Schienenmitte $d_b = 3{,}5$ mm (Abb. 3.2). Bei Spurerweiterung im Bogen von beispielsweise 20 mm beträgt dieser Wert dann 13,5 mm. Abb. 3.3 zeigt die Profilpaarung 60E1 (früher UIC60) und S1002 mit der Schienenneigung 1:20 und 1:40. Erstere ist bei der französischen Staatsbahn SNCF Standard, letztere bei der DB. Man sieht, dass sich die Profile bei der Neigung 1:20 wesentlich besser anschmiegen als bei der Neigung 1:40. Die folgenden Untersuchungen werden mit den Profilpaarungen

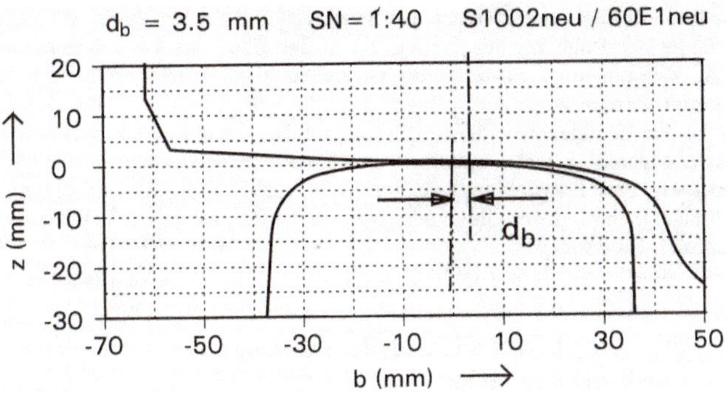

Abb. 3.2 Kontakt Rad/Schiene bei Mittelstellung des Radsatzes im Gleis

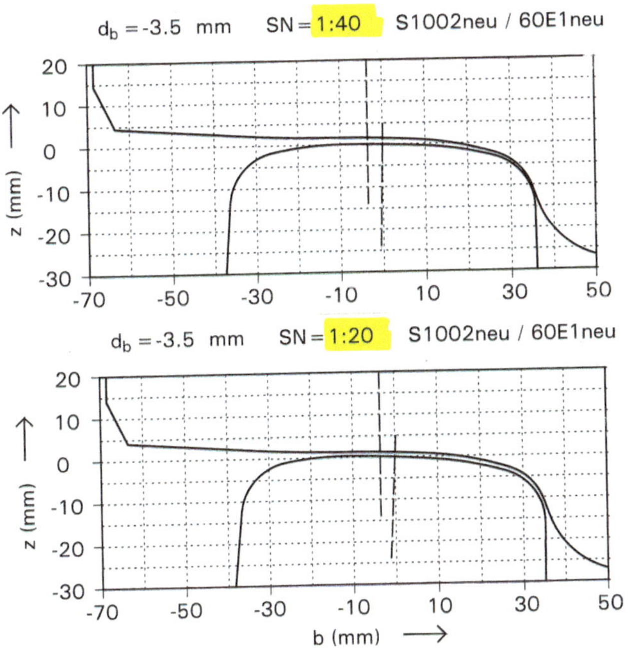

Abb. 3.3 Kontakt Rad/Schiene bei Schienenneigung 1:20 und 1:40 bei Mittelstellung des Radsatzes im Gleis

60E1 neu / S1002 neu und

60E1 ver / S1002 ver

(ver = verschlissen)

durchgeführt. In der Praxis kommen alle möglichen Kombinationen neu/ver und unterschiedlich verschlissen vor, aber hier sollen nur zwei Extremfälle betrachtet werden: Der Idealfall neu/neu (wie er auch in den meisten Veröffentlichungen behandelt wird) und der asymmetrische Fall verschlissene Schiene im Gleisbogen. Dort ist die Außenschiene vor allem an der Fahrkante verschlissen (siehe Abb. 3.4 und 2.7), was auch zu einer Spurerweiterung führt.

Die Ermittlung der Lage der Kontaktflächen als Funktion der Querverschiebung sind zunächst für einen fluchtenden Radsatz (Anlaufwinkel $\alpha = 0°$) und eine Schienenneigung von SN = 1:40 bei jeweils neuen Profilen und einem Raddurchmesser von $d_{Rad} = 920$ mm durchgeführt worden (Abb. 3.5). Gleismittellage ist $d_b = 3{,}5$ mm.

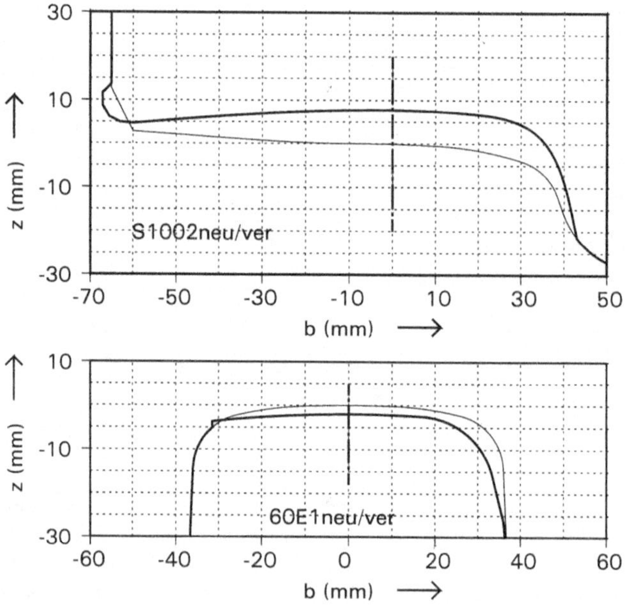

Abb. 3.4 Verschleißformen an Schiene 60E1 und Rad S1002

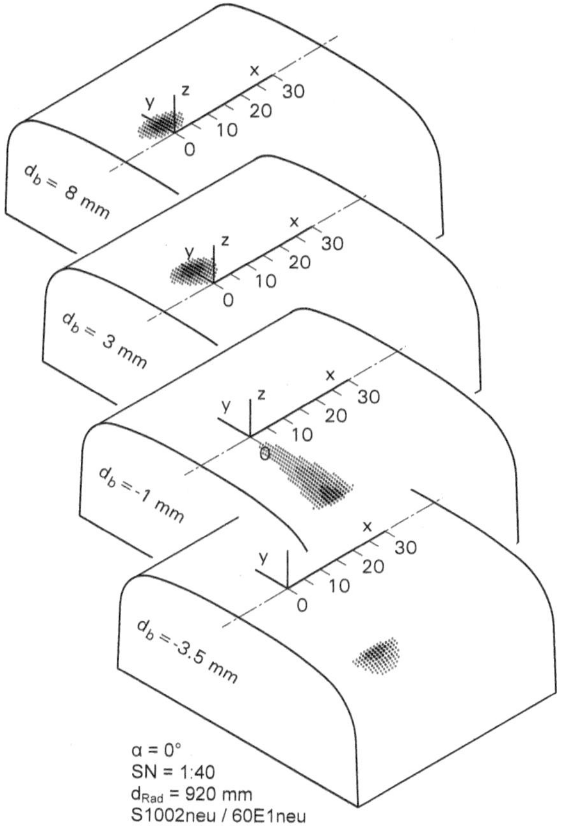

Abb. 3.5 Lage der Kontaktflächen als Funktion der Querverschiebung d_b

Bei positiver Querverschiebung liegen die Kontaktflächen im positiven y-Bereich der Schiene und sind relativ klein. Das deutet auf höhere Hertz'sche Pressungen hin als bei größerer Kontaktfläche. Die kleineren Kontaktflächen erklären sich daraus, dass der linke Bereich des Rades konvex verläuft, während der rechte Bereich konkav ist und sich besser an die Schienenoberfläche anschmiegt. Bei $d_b = -3{,}5$ mm ist eine Grenze erreicht, wo der Spurkranz an der Schienenflanke anliegt. Bei extrem hoher Querkraft, die aber betrieblich nicht erreicht werden darf, würde das Rad von der Schiene abheben und entgleisen. Mehr darüber ist im Abschn. 5.1 nachzulesen.

Wie bereits erwähnt, wandert der Kontakt bei Querverschiebung von −3,5 mm, d. h. beginnender Anlauf am Spurkranz ($\alpha = 0°$), in die Hohlkehle hinein. Bei einer Schienenneigung von 1:40 ist dieser Kontakt etwas ungünstiger, während sich bei einer Schienenneigung von 1:20 beide Profile besser einander anschmiegen mit entsprechend geringerer Pressung. Es ist davon auszugehen, dass sich Rad und Schiene allmählich zu gleichen Verschleißprofilen abnutzen, unabhängig von der Anfangsneigung der Schiene. Die ursprünglichen Bedenken, dass eine größere Schienenneigung zu Instabilität bei hohen Geschwindigkeiten führt, dürften durch die Arbeiten von Pascal und Sauvage [1] und die täglichen Fahrten des ICE3-Zuges in Frankreich ausgeräumt sein.

Die bisherigen Untersuchungen betreffen ausschließlich den ideal ausgerichteten Radsatz, d. h. den Anlaufwinkel $\alpha = 0°$. Dieser Zustand ist aber zumindest im Bogen unrealistisch. Dort stellt sich üblicherweise Freilauf oder Spießgang ein (Abb. 3.6), was je nach Laufwerk und je nach Abnutzung der Kontaktpartner einen Anlaufwinkel mehr als 1° hervorrufen kann. Bei weicher Längsführung des Radsatzes (z. B. Güterwagen mit Blattfedern und Doppelschaken) oder bei Kreuzankerführung kann bei Radien <400 m durch Fehlstellung dieser Winkel noch deutlich größer werden.

Der Einfluß des Anlaufwinkels auf die Kontaktfläche ist in Abb. 3.7 dargestellt: Der Kontakt des Spurkranzes an der Schienenflanke trennt sich vom

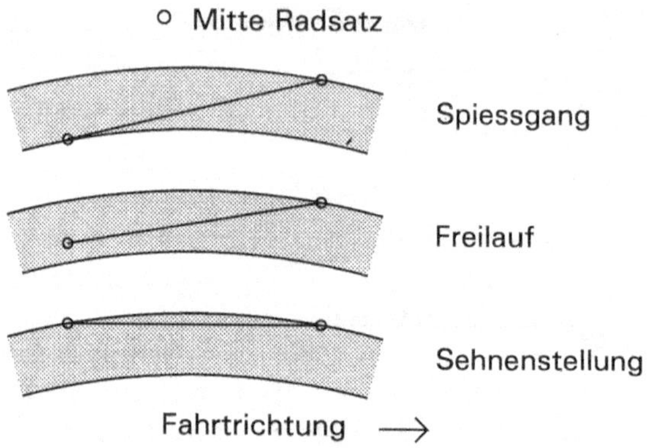

Abb. 3.6 Lage der Radsätze eines Zweiachslaufwerks im Spurkanal des Gleises. Der vorlaufende Radsatz läuft an der Außenschiene an

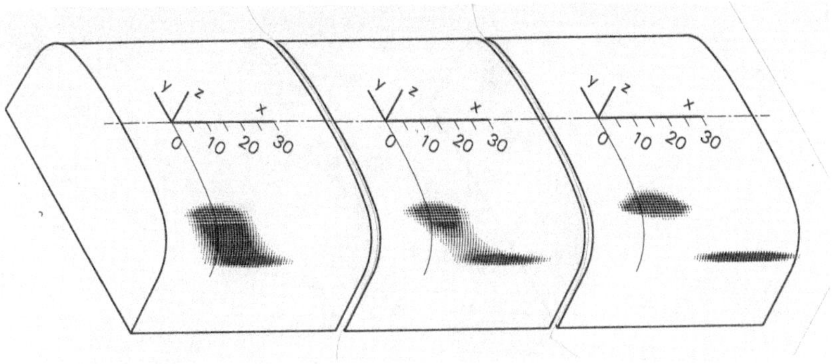

Abb. 3.7 Änderung der Kontaktflächen bei Anlaufwinkeln von 0,5°…1°…2° bei jeweils neuwertigen Profilen

Kontakt der Radlauffläche und wandert in Fahrtrichtung nach vorne aus. Das wiederum hat einen erhöhten Rollwiderstand zur Folge, welcher durch die Fehlstellung des Rades noch vergrößert wird.

3.2 Rollradiendifferenz

Die Lage des Kontaktes von Rad und Schiene ist abhängig von der Stellung des Radsatzes im Gleis, dem Spurspiel und vor allem von der Geometrie des Rades und des Schienenkopfes. Diese Parameter bestimmen den effektiven Rollradius der beiden Räder des Radsatzes und somit maßgeblich das Laufverhalten des Fahrzeuges.

Das Verfahren, die Kontaktstellen rein geometrisch und punktförmig zu ermitteln, ist ungenau und mühselig [2]. Der Grund sind die unterschiedlichen Radien der jeweiligen Profiloberflächen, die zu schleifenden Kontaktübergängen führen, sodaß der Berührungspunkt teilweise springt.

Ein Eisenbahnrad ist jedoch ständig mit mindestens dem anteiligen Eigengewicht des Fahrzeuges belastet, sodaß sich eine Hertz'sche Kontaktfläche zwischen Rad und Schiene einstellt. Der Verlauf dieser Berührfläche ist anders als bei reiner Punktberührung und kann mit dem vorab erläuterten Verfahren berechnet werden (Abb. 3.8), siehe auch Anhang.

Über den Mittelpunkt des Kontaktes lässt sich der aktuelle Raddurchmesser bestimmen und somit die Differenz der Radien beider Räder. Diese Kenntnis

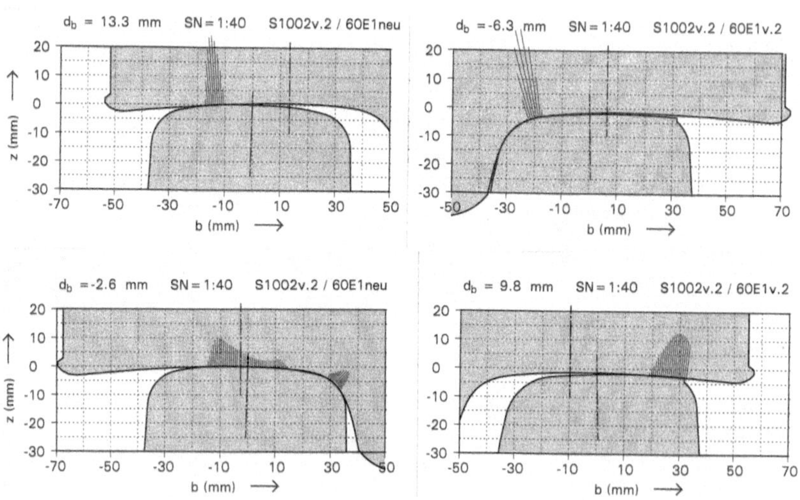

Abb. 3.8 Kontaktflächen bei unterschiedlicher Querverschiebung verschlissener Profile von Rad und Schiene

ist für die Theorie der Lauftechnik von Eisenbahn-Fahrzeugen von großer Bedeutung. Untersucht werden die Profilpaarungen neu/neu und verschlissen ver/ver (Abb. 3.4) In der Praxis kommen alle denkbaren Paarungen vor, und es wäre wünschenswert, wenn sich z. B. die ERA (Europäische Eisenbahn Agentur) dieses Themas annähme und charakteristische Profilformen definieren würde, die dann in die einschlägigen Rechenprogramme implementiert werden könnten.

Das verschlissene Profil des Radsatzes wird bei beiden Rädern als gleich angenommen. Dadurch erhöht sich das Spurspiel in beiden Richtungen um etwa 2 mm. Der asymmetrische Verschleiß der Schiene vergrößert das Spurspiel einseitig um weitere etwa 4 mm.

Für die Auswertung der ermittelten Rollradien als Funktion der Stellung des Radsatzes im Spurkanal ist ein EDV-Programm entwickelt worden mit anschließender grafischer Auswertung der Ergebnisse. Für die Paarung mit neuen Profilen ergibt sich erwartungsgemäß ein symmetrischer Verlauf der Radiendifferenzen $\Delta r = r_i - r_a$ wie auch der Summe der Tangenten-Neigungen $\Sigma \tan y = \tan y_i + \tan y_a$ über der Querverschiebung Δy des Radsatzes ohne Sprungstellen (Abb. 3.9). Dagegen ist wegen des unterschiedlichen Verschleißes der Innen- und Außenschiene im Bogen der Verlauf der verschlissenen Paarung

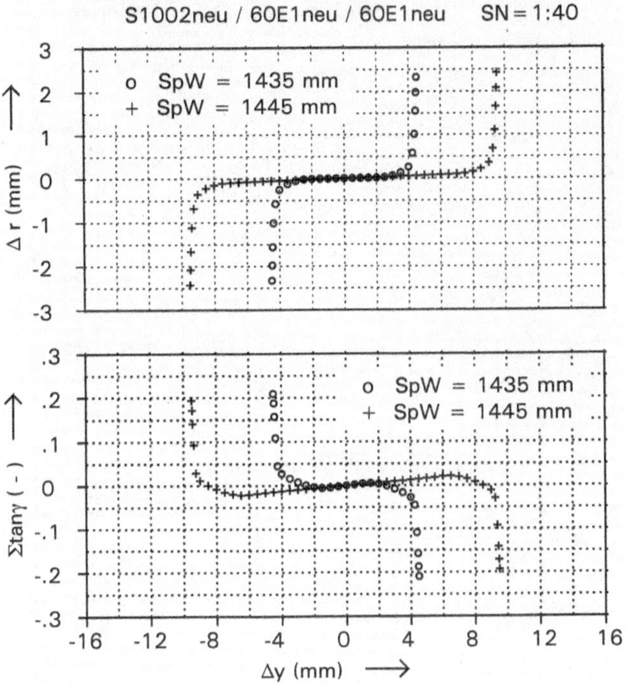

Abb. 3.9 Verlauf der Rollradiendifferenz bei neuen Profilen von Rad und Schiene

asymmetrisch und weist auch eine Sprungstelle auf (Abb. 3.10). Die Radiendifferenz im betrieblichen Bereich ist mit etwa 3 mm erheblich größer als bei neuen Profilen (etwa 1 mm) und der Verlauf ist deutlich anders. Am auffallendsten ist der Sprung bei $\Delta y = 6$ bzw. 11 mm. Wie sich das lauftechnisch auswirkt, ist schwer zu beurteilen.

Beim Durchfahren eines Gleisbogens wird auf der Außenschiene ein größerer Weg zurückgelegt als auf der Innenschiene. Das Verhältnis der Radien im Gleisbogen ist

$$\kappa_{\mathrm{Gleis}} = r_i / r_a$$

und ist beispielsweise für einen 250 m-Bogen bei Normalspur $K_{\mathrm{Gleis}} = 0{,}994$. Dieses Verhältnis ist auch spurabhängig.

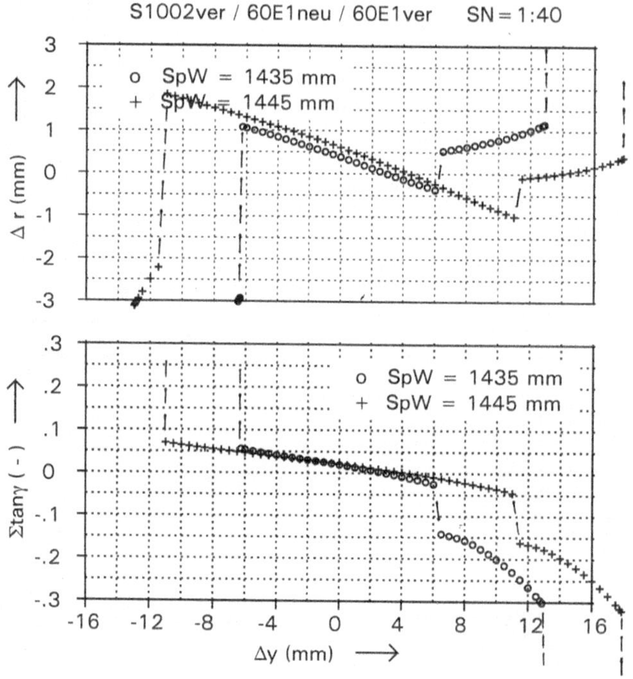

Abb. 3.10 Verlauf der Rollradiendifferenz bei verschlissenen Profilen von Rad und Schiene

Ein Rad mit einem konischen Profil, also der Normalfall bei Eisenbahnen, durchläuft infolge des Spurspiels die Außenschiene am Spurkranz, d. h. mit größerem Raddurchmesser als das Rad an der Innenschiene. Das Verhältnis der Radien am Rad ist

$$\kappa_{Rad} = r_{min}/r_{max}$$

wobei diese Radien die jeweils kleinste und größte für das Abrollen nutzbare Radien sind. Da in aller Regel die Radprofile für alle Rädertypen gleich sind, ist also dieses Verhältnis nicht für alle Raddurchmesser konstant. Nimmt man die nutzbare Radiendifferenz am Rad mit 2 mm an, so ist κ beispielsweise für ein Rad mit 1250 mm Durchmesser (Standard für Elektroloks) $\kappa_{Rad} = 0{,}997$ und für 780 mm Durchmesser (Spezialgüterwagen) $\kappa_{Rad} = 0{,}995$.

Ein kinematisch einwandfreies Abrollen im Gleisbogen ist also nur gegeben, wenn

- das Rollradienverhältnis des Radsatzes kleiner oder gleich dem Verhältnis der Schienenradien ist und
- der Radsatz senkrecht zum Gleis läuft, d. h. er muß radial einstellbar sein.

Beide Voraussetzungen sind meistens nicht gegeben, was die wesentliche Ursache für den Verschleiß von Rad und Schiene ist.

3.3 Achsentlastung infolge Zug-/Druckkraft

Die Belastung des Radsatzes hat zwei Anteile: Erstens den statischen Anteil infolge Eigengewicht des Fahrzeuges und zweitens den betrieblichen Anteil infolge Zug-/Druckkraft Z (Abb. 3.11). Letzterer entsteht dadurch, dass der Angriffspunkt von Z um den Betrag a höher liegt als der Schienenkopf, wo die Gegenkraft $H_{1,2}$ angreift. Beide Anteile überlagern sich. Am Beispiel eines Zweiachs-Fahrzeuges (Abb. 3.11) werden nachfolgend die Gleichgewichtsbedingungen untersucht.

Für das Momentengleichgewicht um die Achse senkrecht zur Blattebene gilt die Beziehung.

$$Z \cdot a = V_1 \cdot b$$

Kräftegleichgewicht horizontal und vertikal

$$H_1 + H_2 = Z$$

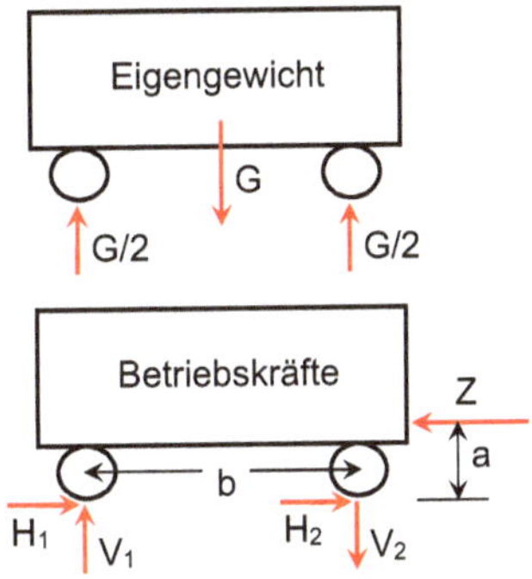

Abb. 3.11 Kräfteanordnung eines Zweiachs-Fahrzeuges

$$V_1 = -V_2 = V$$

Damit können die Horizontalkräfte H berechnet werden. Die Achslast des Fahrzeuges ist somit

$$A = G/2 \pm V$$

Bei Drehgestellfahrzeugen (Abb. 3.12) gelten die gleichen Überlegungen. Zu berücksichtigen ist aber zusätzlich das Biegemoment auf den Fahrzeugkasten, falls die Angriffspunkte Drehzapfen/Fahrzeugkupplung nicht auf gleicher Höhe liegen. Das ist zwar der Normalfall, ist aber meistens vernachlässigbar gering. Falls das Drehgestell über eine schräge Zugstange mit dem Fahrzeugkasten verbunden ist (z. B. TRAXX-Loks von Alstom), muß der tatsächlich wirksame Hebelarm a berücksichtigt werden (Abb. 3.12 unten).

Für alle Antriebsanordnungen (siehe auch Kap. 6) gilt folgende Aussage: *Die Art und Konstruktion des Motors (Elektromotor oder Achsgetriebe, Tatzlager oder vollabgefedert) hat* ***keinen*** *Einfluß auf die Achsentlastung.* Die unterschiedlichen Kräfte auf Radsatzwelle und Drehgestellrahmen neutralisieren sich hinsichtlich Achsentlastung.

Der Vollständigkeit halber soll der Gelenkwellenantrieb noch kurz behandelt werden (Abb. 3.13). Dabei wird auf die Radsatzwelle wie auch den Fahrzeugkasten ein Torsionsmoment ausgeübt. Am Beispiel einer Vierachslok wird überschlägig ermittelt, welche Folgen sich daraus ergeben.

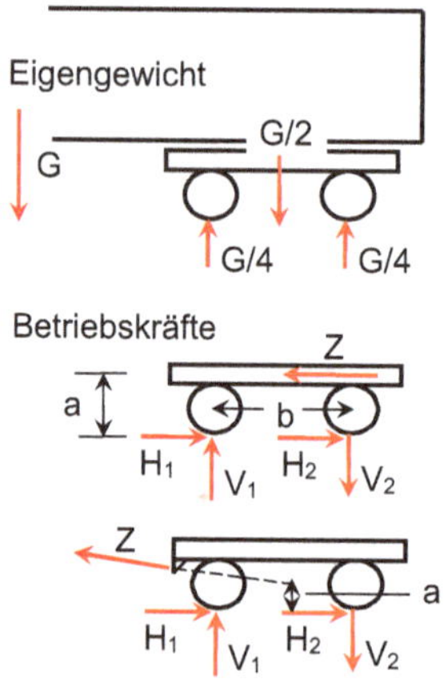

Abb. 3.12 Kräfteanordnung eines vierachsigen Drehgestell-Fahrzeuges

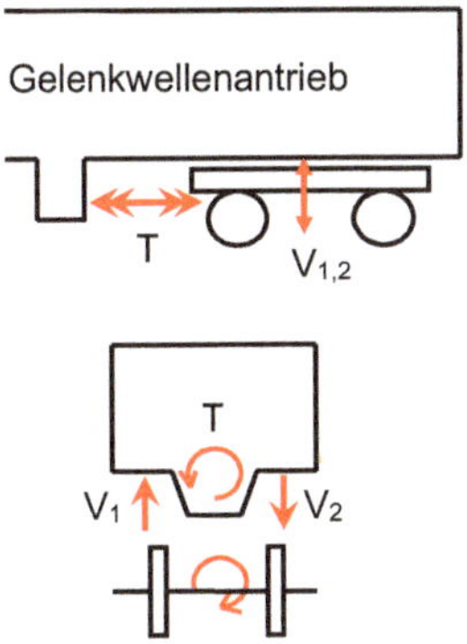

Abb. 3.13 Kräfte und Momenten bei einem Vierachs-Fahrzeug mit Gelenkwellenantrieb

Annahmen: Gewicht Lok G = 800kN

Kraftschlusskoeffizient $\mu = 0{,}3$

Getriebe-Übersetzung Achse $\ddot{u} = 3$

Daraus ergibt sich ein maximales Torsionsmoment T der Gelenkwelle zu einem Laufwerk von

$$T = \mu \cdot r_{Rad} \cdot G/2/\ddot{u} = 18400\,\mathrm{Nm}$$

Bei einem Abstand der Sekundärfedern im Laufwerk von c = 2,50 m ergibt das eine vertikale Reaktionskraft an den Federn von

$$V = T/c = 7360\,\mathrm{N}$$

Bei einer Gewichtskraft pro Feder von etwa 640.000/4 = 135000 N ist das ein zwar vorhandener, aber vernachlässigbarer Effekt. Letztlich führt das aber zu einer (sehr geringen) Schrägstellung des Lokkastens gegenüber dem Drehgestell.

Literatur

1. Pascal,J., Sauvage,G.: Theoretischer Vergleich des dynamischen Verhaltens eines Hochgeschwindigkeits-Drehgestells mit verschiedenen Radprofilen auf Schienen des Typs UIC60 mit einer Einbauneigung von 1/20 bzw. 1/40. VDI-Berichte Nr.820, 1990, S. 11–24
2. Nefzger, A.: Geometrie der Berührung zwischen Radsatz und Gleis. ETR-Eisenbahntechnische Rundschau 3/1974, S. 113–121

4 Kontaktmechanik

4.1 Betriebskräfte am Kontakt

In diesem Kapitel wird den Einfluß aller wesentlichen Parameter auf die quasistatischen und dynamischen Bogenkräfte zweiachsiger Laufwerke, freilaufend oder angetrieben untersucht. Die Parameter sind

- Kraftschlußbeiwert (Schienenzustand)
- Laufwerkstyp (Achsanlenkung)
- Radprofil (neu oder verschlissen)
- Raddurchmesser und
- Achsabstand

und haben unterschiedlichen Einfluß auf das Laufverhalten. Diese Untersuchung ist gedacht für Laufwerke im Geschwindigkeitsbereich bis etwa 140 km/h bei Bogenradien von 100–1500 m.

4.1.1 Ausgangsbedingungen

Im folgenden wird kurz dargestellt, unter welchen Bedingungen und Vereinfachungen die Berechnungen durchgeführt worden sind. Diese Randbedingungen sind bei allen Laufwerkstypen gleich, sodaß ein Vergleich der unterschiedlichen Bauformen durchaus aussagekräftig ist.

Am Radaufstandspunkt werden außer der Radlast Q drei Kräfte berücksichtigt: zwei kraftschlüssige in x- und y-Richtung (F_x, F_y) und eine formschlüssige Normalkraft (F_n), die meistens am Spurkranz wirkt (Abb. 4.1). Bei idealem Radsatzlauf würden diese drei Kräfte (außer F_x bei Antrieb/Bremsung)

R. Fleiss, *Das Rad/Schiene-System der Eisenbahn*,
https://doi.org/10.1007/978-3-662-72159-9_4

Abb. 4.1 Kraft- und formschlüssige Kräfte am Rad

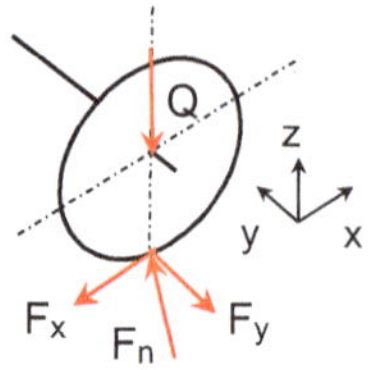

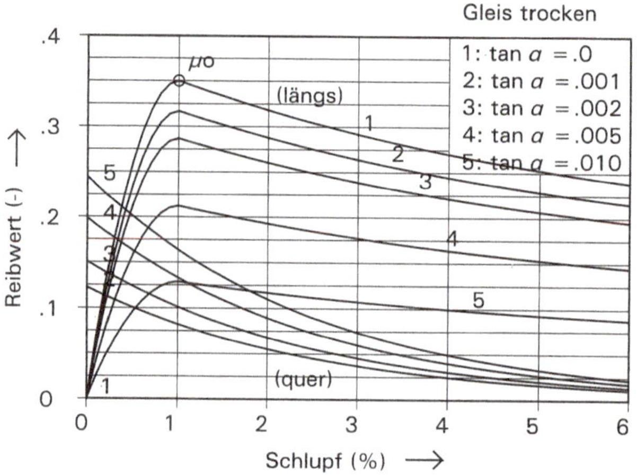

Abb. 4.2 Reibwertkurven für trockenes Gleis mit unterschiedlichen Anlaufwinkeln α

gar nicht auftreten; bei realen Laufwerken sind sie aber deutlich und unüberhörbar vorhanden und sind Hauptursache von Schienen- und Radverschleiß. Mit zunehmendem Anlaufwinkel verschiebt sich die Normalkraft F_n in Längsrichtung (siehe Abschn. 3.1) und bildet damit einen kleinen Hebelarm zum Radaufstandspunkt. Dadurch erhöht sich der Rollwiderstand des Fahrzeuges im Gleisbogen.

Der quasistatische Lauf wird mit einer konstanten Geschwindigkeit von 2 m/s ermittelt, während dem dynamischen Lauf eine freie Seitenbeschleunigung von 1 m/s^2 zugrunde liegt mit entsprechenden Geschwindigkeiten in Abhängigkeit vom Bogenradius.

Die Kraftschlußbeiwerte μ Rad/Schiene als Funktion des Längsschlupfes s_x mit dem Anlaufwinkel α als Parameter sind in Abb. 4.2 dargestellt. Diese Kurven für trockene Schienen sind aus der Dissertation [1] abgeleitet mit einem maximalen Reibwert von $\mu_0 = 0{,}35$ bei 1 % Schlupf (kleineres Schlupf-Maximum entsprechend neuerem Schrifttum). Die dazugehörigen Gleichungen lauten für Längsrichtung $0 \leq s_x \leq 0{,}011$:

$$\mu = f \cdot \left(1 - 10.000 \cdot (s_x - 0{,}011)^2\right)$$
$$\text{mit } f = \mu_o \cdot e^{-100 \cdot |\tan\alpha|}$$

und $s_x > 0{,}011$:

$$\mu = 0{,}99 \cdot f \cdot \left(0{,}5 \cdot e^{-20 \cdot (S_x - 0{,}011)} + 0{,}5\right)$$

In Querrichtung:

$$\mu = 2 \cdot \mu_o \cdot e^{-40 \cdot S_x} \cdot (3 \cdot |\tan\alpha|)^{0{,}3}$$

Für nasse Schienen gibt es nur wenige Veröffentlichungen, und so wurde angelehnt an [2] die Kurvenschar für trockenes Gleis angepasst mit einem Maximum von $\mu_o = 0{,}10$ bei 5 % Schlupf, ansonsten aber mit qualitativ gleichem Verlauf.

Die meisten Veröffentlichungen über Kraftschlussbeiwerte zeigen einen Verlauf mit einem Maximum von $\mu \approx 0{,}3$ bei etwa 1 % Schlupf. Es gibt aber auch Beispiele mit deutlich höheren Werten: Abb. 4.3, entnommen aus [3], enthält eine wesentlich flachere Kurve mit einem Maximum von rund 0,4 bei s = 2…4 % und

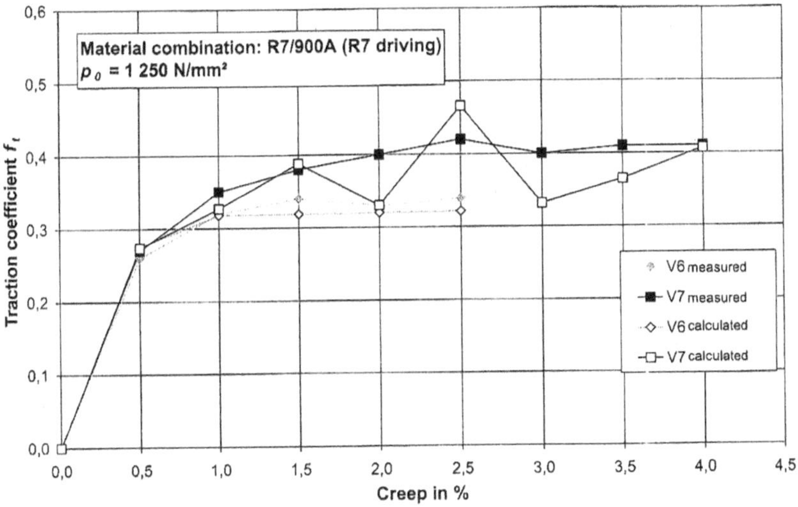

Abb. 4.3 Reibwertkurven für trockenes Gleis nach [3]

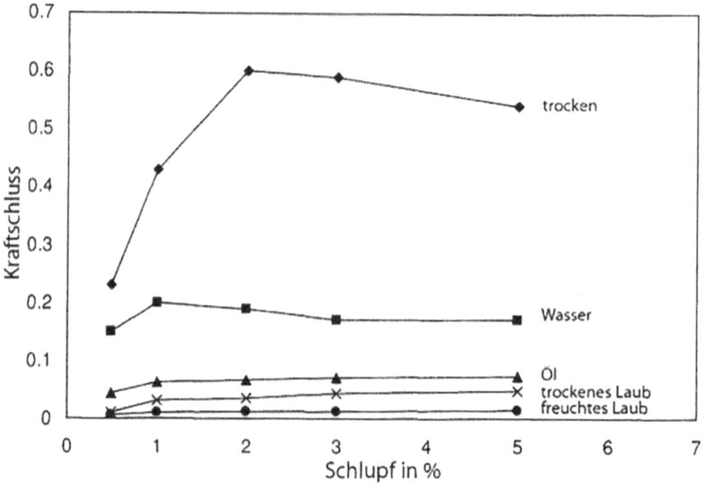

Abb. 4.4 Reibwertkurven für unterschiedlichen Schienenzustände nach [4]

Abb. 4.4, entnommen aus [4], sogar $\mu>0{,}6$ bei $s=2$ %. Es ist zu beachten, dass Messergebnisse an Originalfahrzeugen oder Rollenprüfständen immer jeweils von Schwingungen überlagert sind, welche das Ergebnis beeinflussen. Es ist aber bekannt, dass US-Diesellokomotiven Reibwerte von >0,4 erreichen, sodaß die letztgenannten Diagramme durchaus realistisch erscheinen.

4.1.2 Kinematik

Das Radprofil ist unterschiedlich konisch, je nach Profiltyp und Verschleißzustand. Verschlissene Profile sind zum Spurkranz hin konischer als das Ausgangsprofil. Je nach Querverschiebung rollen Radsätze auf verschiedenen Radien ab. Idealer Bogenlauf liegt vor, wenn $\kappa_{Rad}=\Delta rr/rr_{mit}$ gleich ist $\kappa_{Gleis}=\Delta rg/rg_{mit}$. Allerdings ist ein schlupffreies Abrollen illusorisch und auch nicht zwingend erforderlich, weil immer Mikroschlupf vorhanden ist (Abb. 4.5). Dieser entsteht beispielsweise durch Abflachung der Radaufstandsfläche unter Last oder Bohrreibung infolge Konizität. Letztere kann im Falle von Linienberührung in der Hohlkehle durchaus Werte von 0,1 % erreichen. Feste Grenzen zwischen den einzelnen Schlupfarten gibt es allerdings nicht, was durch die beiden Grauzonen im Abb. 4.5 angedeutet werden soll.

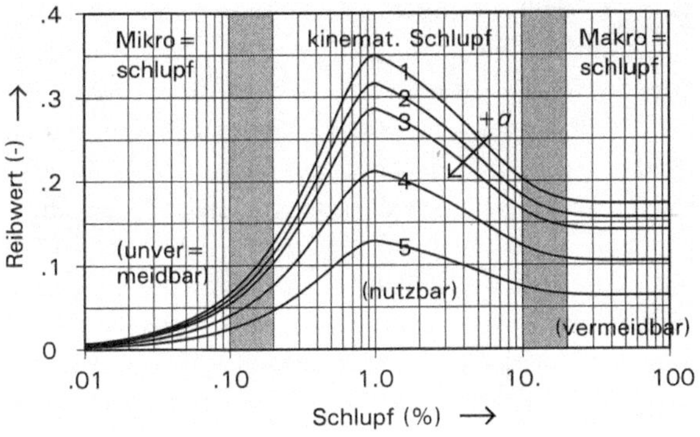

Abb. 4.5 Reibwertkurve mit verschiedenen Schlupfbereichen

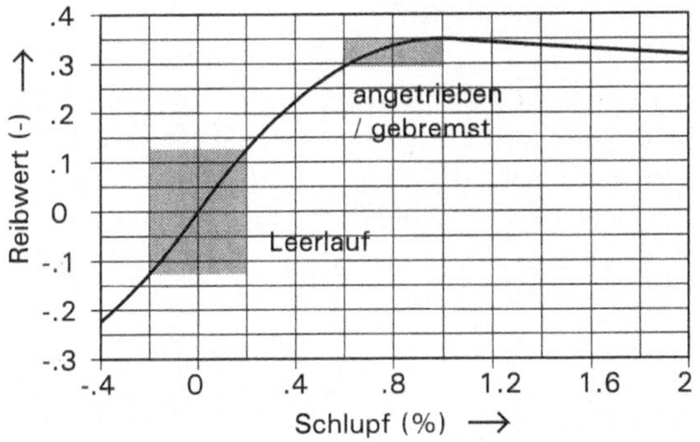

Abb. 4.6 Reibwertbereiche bei unterschiedlicher Lage des Schlupfes

Dem praktisch immer vorhandenen Mikroschlupf überlagert sich der kinematische Schlupf, der durch Antrieb und/oder unterschiedliche Abrollradien hervorgerufen wird. Abb. 4.6 zeigt beispielhaft eine Reibwertkurve (trockenes Gleis, kein Querschlupf) mit eingetragenen Schlupfbereichen von jeweils $\pm 0{,}2\ \%$. Im Leerlauf wird ein Reibwertabstand von $\Delta\mu = 0{,}24$ erzielt, bei einem angetriebenen bzw gebremsten Radsatz mit hoher Reibwertausnutzung jedoch nur noch ein Abstand von 0,06. Unter solchen Bedingungen sind diesem Radsatz wesentlich weniger Führungskräfte z. B. für Radialeinstellung verfügbar als einem frei laufenden – ein Effekt, der auch in den nachfolgenden Rechenergebnissen deutlich wird.

Bei Beschleunigungsüberschuß (z. B. $b = 1\ m/s^2$) wird das Außenrad deutlich höher belastet als das Innenrad. Das hängt auch vom Fahrzeugschwerpunkt ab, der in diesen Berechnungen mit 1,50 m über SOK angesetzt ist. Im Leerlauf wird die höhere Belastung des Außenrades kompensiert durch geringeren Schlupf mit entsprechend geringerem Reibwert, damit das Torsionsmoment auf den Radsatz ausgeglichen und das entgegen gesetzte Kräftepaar Fx gleichgroß ist. Gänzlich anders liegen die Verhältnisse bei angetriebenen/gebremsten Radsätzen. Der Antriebsschlupf ist normalerweise deutlich höher als der kinematische Schlupf, sodaß der Gesamtschlupf im quasistatischen Falle bei beiden Rädern des Radsatzes nahezu gleichgroß ist und somit auch die gleichgerichteten Vortriebskräfte F_x. Bei Beschleunigungsüberschuß jedoch dominiert die Vortriebskraft des Außenrades und zwingt dem Radsatz ggf eine positive oder negative (→ Abbremsung) Radialstellung auf.

4.1.3 Bogenlauf im Spurkanal

Es gibt eine Vielzahl von Laufwerktypen, welche in Abb. 4.7 schematisch dargestellt sind Der Bogenlauf und die daraus resultierenden Querkräfte werden anschließend von einigen charakteristischen Laufwerken dargestellt. Allen untersuchten Typen liegen folgende Parameter zugrunde mit Ausnahme einiger weniger im Text erwähnten Ausnahmen:

- 2-achs-Laufwerk
- Rad- und Schienenprofil neu (S1002 und 60E1)
- kein Übergangsbogen (Weiche)
- kein Rückstellmoment Laufwerk/Brücke außer in zwei Fällen

Die in diesem Kapitel dargestellten Kräfte sind stationär – also mittlere und charakteristische Kräfte. Sie werden im realen Laufwerk von diversen Schwingungen überlagert, die aber bei jedem Laufwerk, jedem Schienenzustand und jeder Geschwindigkeit unterschiedlich sind und nicht allgemeingültig ermittelt werden können.

Die Diagramme Abb. 4.8, 4.9, 4.10, 4.11, 4.12, 4.13, 4.14, 4.15 und 4.16 zeigen im oberen Teil die Spur des Laufwerks im Spurkanal bei Bogeneinfahrt (ohne Übergangsbogen). Der Spurkanal ist gestaucht wie auch gestreckt dargestellt und ist in seiner Breite abhängig vom Gleisradius. Der führende Radsatz ist als R1 bezeichnet, der nachlaufende als R2.

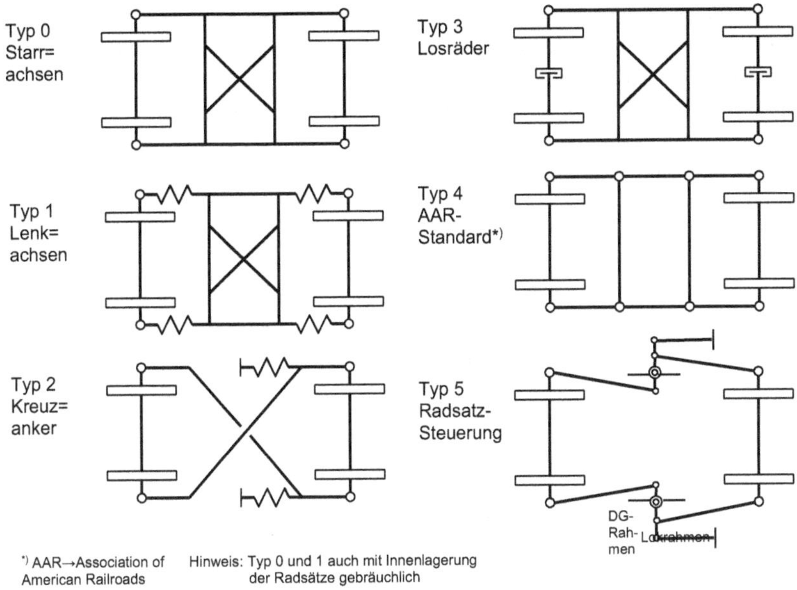

Abb. 4.7 Schematische Darstellung verschiedener Drehgestelltypen

Das mittlere Diagramm zeigt die relative Querkraft beider Radsätze, bezogen auf die Radlast Q. Erwartungsgemäß ist sie beim führenden Radsatz wesentlich höher als beim nachlaufenden.

Schließlich ist im unteren Diagramm schematisch die Lage des Laufwerks im Spurkanal dargestellt. Dabei ist der Ausdrehwinkel des Radsatzes gegenüber dem Laufwerksrahmen überhöht dargestellt (bei Starrachsen also Null). Der Anlaufwinkel der Radsätze α zum Gleis ist aus dem Diagramm nicht erkennbar, weil wegen der kleinen Winkel und der großen Maße des Laufwerks eine maßstäbliche Widergabe nicht aussagekräftig ist. Die errechneten Anlaufwinkel sind daher im Diagramm numerisch angegeben.

Die am häufigsten anzutreffende Drehgestell-Bauart sind Starrachslaufwerke, und deshalb ist für diese Bauart in den Abb. 4.8, 4.9, 4.10, 4.11 und 4.12 der Einfluß unterschiedlicher Parameter auf die relativen Querkräfte F_n/Q am führenden Radsatz über dem Gleisradius r_{Gleis} aufgetragen.

Abb. 4.8 zeigt die Spur der beiden Radsätze im Spurkanal mit 300 m Gleisradius. Nach etwa 2 m Wegstrecke läuft der führende Radsatz R1 an der Außenschiene an, und der zweite Radsatz R2 nach etwa 6 m an der Innenschiene. Das

Laufwerk nimmt also Spießgang-Position an (siehe Abb. 3.6). Das maximale Kräfteverhältnis F_n/Q wird erst bei Anlauf von R2 an die Innenschiene erreicht, weil dann der Anlaufwinkel von R1 am größten ist.

Abb. 4.9 zeigt das gleiche, nur bei einem Gleisradius von 150 m. Infolge des kleineren Radius und vor allem des größeren Spurspiels von 20 statt 10 mm vergrößert sich der Anlaufwinkel von R1 und damit auch das Querkraftverhältnis.

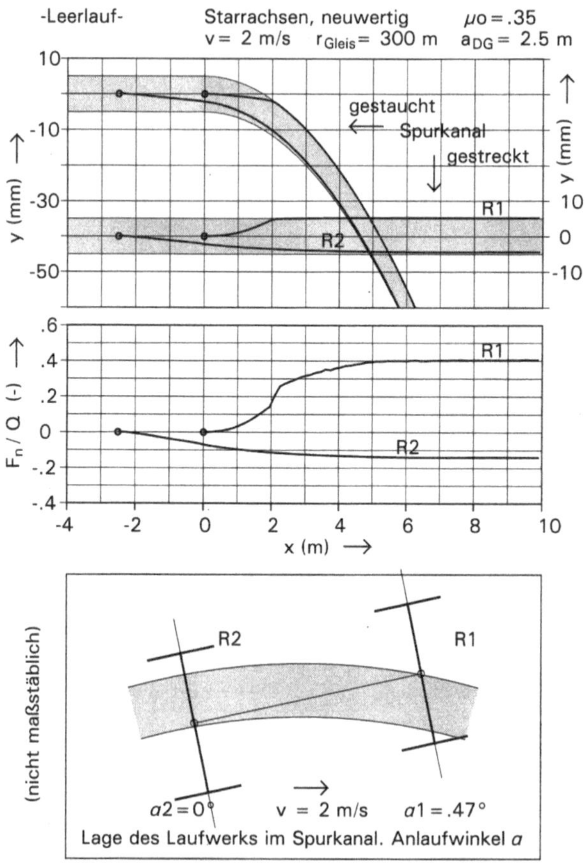

Abb. 4.8 Spur der Radsätze und relative Querkräfte für Starrachsen, Leerlauf, Gleisradius 300 m

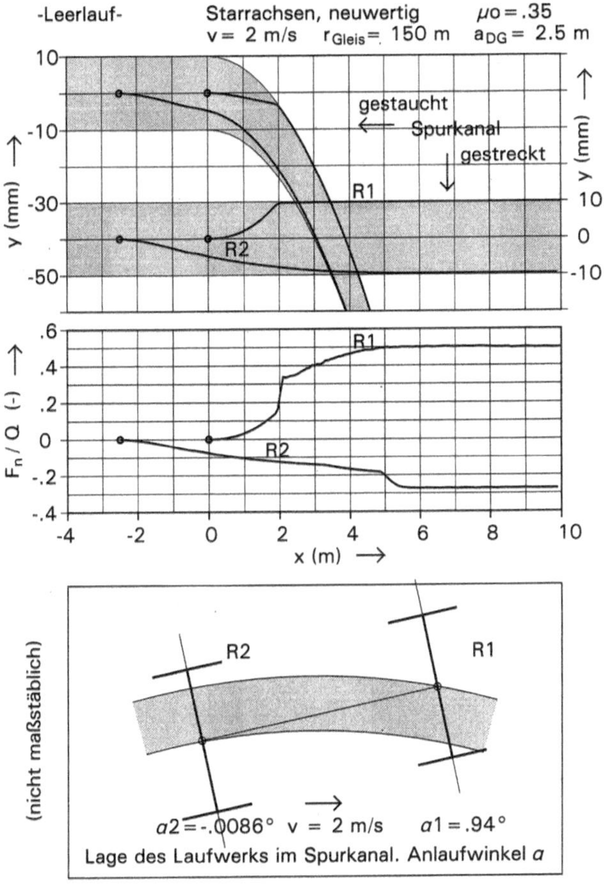

Abb. 4.9 Spur der Radsätze und relative Querkräfte für Starrachsen, Leerlauf, Gleisradius 140 m

Die drei nachfolgendes Bilder geben die Ergebnisse des gleichen Drehgestelltyps wieder, allerdings mit angetriebenen Achsen. Abb. 4.10 zeigt eine geringere Querkraft als bei einem gleichen Laufwerk im Leerlauf. Der Grund ist der mit 2 % angenommene Antriebsschlupf, welcher die in Querrichtung verfügbare Reibkraft verringert.

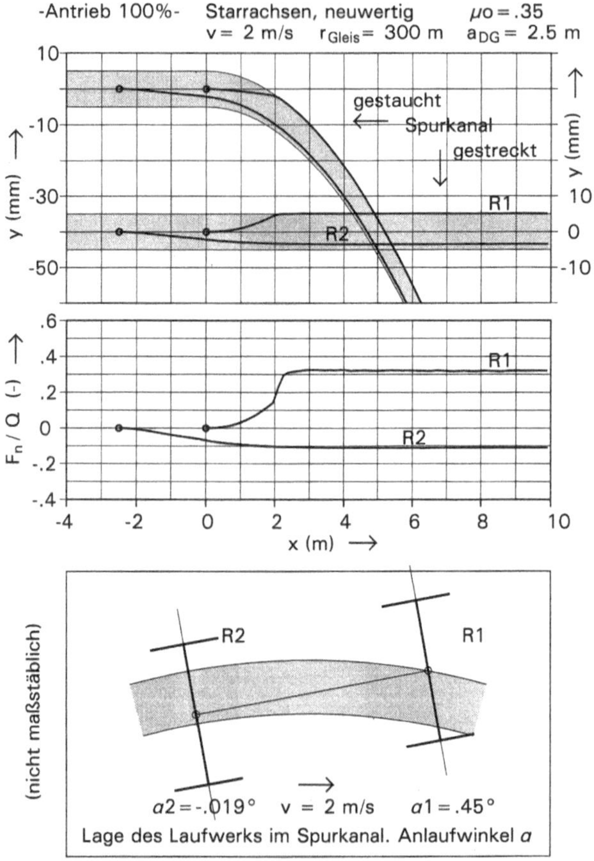

Abb. 4.10 Spur der Radsätze und relative Querkräfte für Starrachsen, Antrieb

Abb. 4.11 zeigt das gleiche, allerdings mit einem relativ großen Rückstellmoment von $2 \cdot 10^6$ Nm/rad (Flexicoil-Federung). Dadurch erhöht sich die Querkraft des vorlaufenden Radsatzes deutlich.

Abb. 4.12 zeigt bei sonst gleichen Parametern allerdings ohne Rückstellmoment den Einfluß der Fliehkraft auf den Bogenlauf. Dabei ist ein Fliehkraftüberschuß

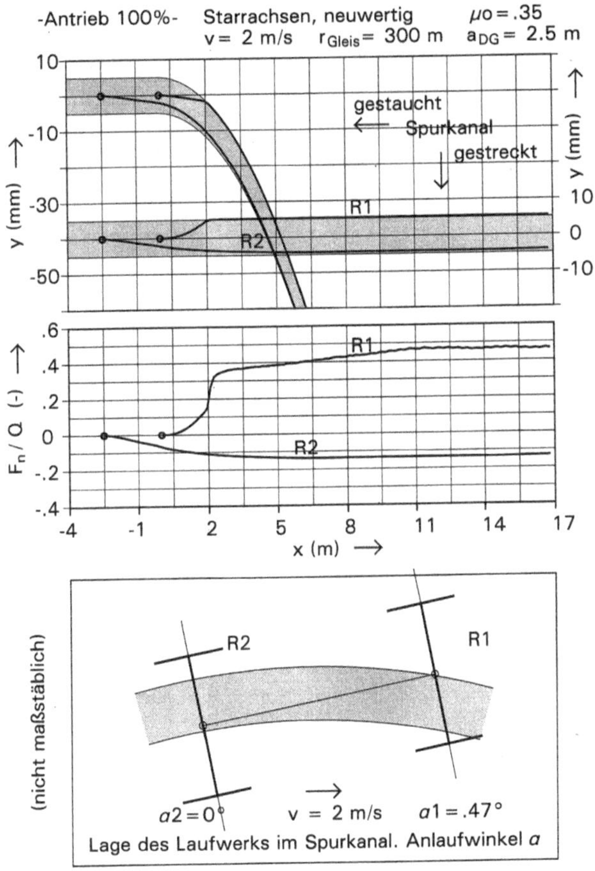

Abb. 4.11 Spur der Radsätze und relative Querkräfte für Starrachsen, Antrieb, Ausdrehmoment $2 \cdot 10^6$ Nm/rad

von 1 m/s² vorgegeben entsprechend v = 15 m/s. Die Fliehkraft führt im Spurkanal zu einem ausgeprägten Freilauf mit entsprechend kleinerem Anlaufwinkel von R1, während die Bilder zuvor alle eine Spießgangstellung zeigen.

Abb. 4.13 zeigt die Ergebnisse für ein Kreuzanker-Laufwerk im Leerlauf. Deutlich erkennbar ist die beinahe radiale Einstellung der Radsätze, die zu entsprechend kleineren Querkräften bei nahezu Sehnenstellung führen.

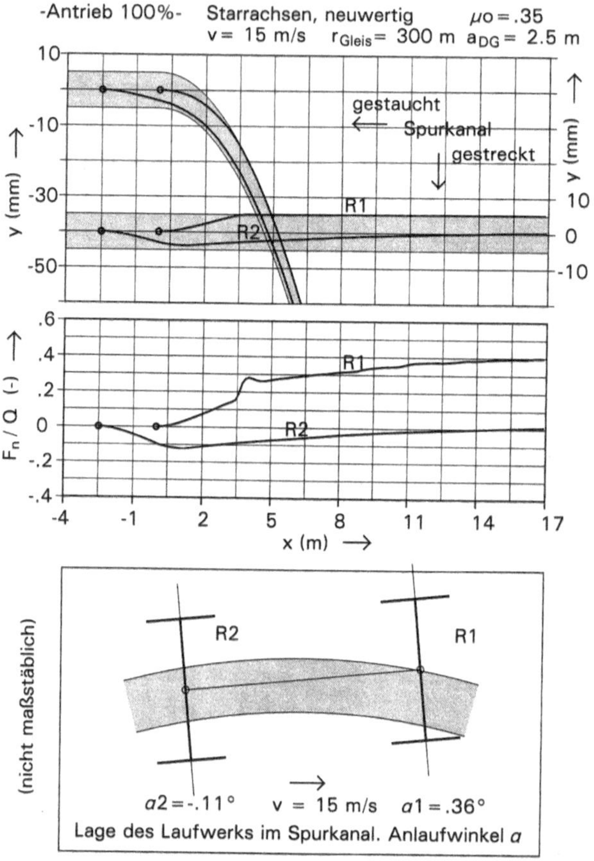

Abb. 4.12 Spur der Radsätze und relative Querkräfte für Starrachsen, Antrieb, dynamisch

Einschränkend muß erwähnt werden, dass diese Stellung bei kleineren Gleisradien nicht erreicht wird, weil das Rollradienverhältnis κ_{Rad} des Profils 60E1 zu klein ist.

Wie bereits vorab erwähnt, hat man bei der schwedischen Erzbahn LKAB Drehgestelle nach dem Scheffel-Prinzip [5] eingeführt. Diese haben aber die Herzstücke der Weichen beschädigt, d. h. sie haben sich nicht wie erwartet radial,

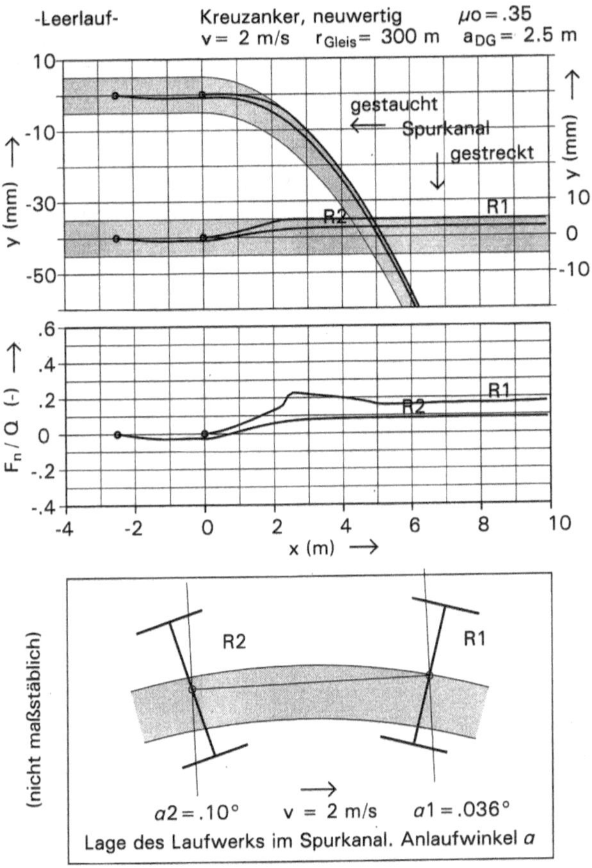

Abb. 4.13 Spur der Radsätze und relative Querkräfte für Kreuzanker, Leerlauf

sondern offenbar entgegengesetzt eingestellt und mussten durch AAR-Standard-Drehgestelle ersetzt werden [6].

Abb. 4.14 zeigt die Ergebnisse für ein Laufwerk mit Losrädern. Der Radsatz R2 läuft nicht an der Innenschiene an, was zu einem etwas geringeren Anlaufwinkel führt und entsprechend geringeren Querkräften. Bei Losrädern entfällt die zentrierende Wirkung der Radsätze und der damit verbundene Längsschlupf,

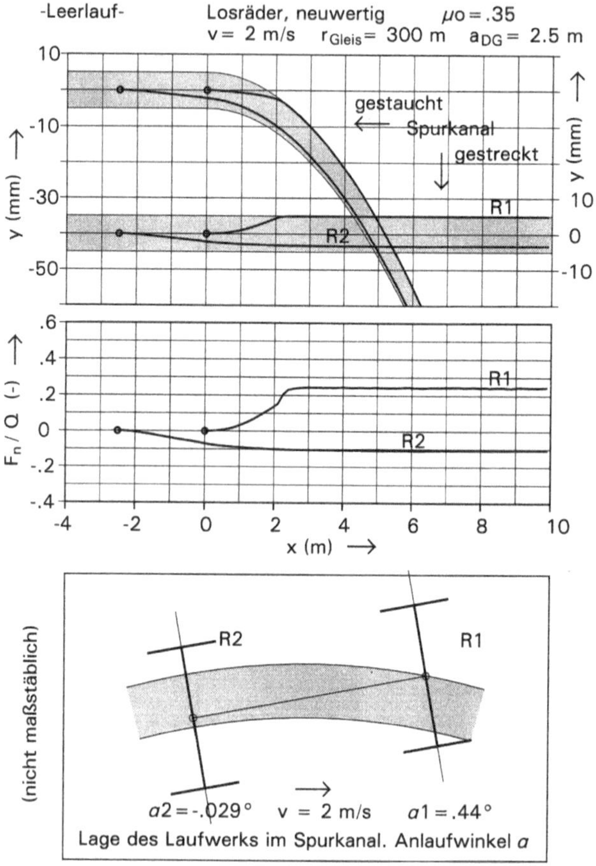

Abb. 4.14 Spur der Radsätze und relative Querkräfte für Losräder, Leerlauf

sodaß der Verschleiß im Bogen insgesamt kleiner ist. Das Drehgestell nimmt also eine Freilaufstellung ein.

Abb. 4.15 zeigt die Ergebnisse für ein Laufwerk mit Lenkachsen im Leerlauf mit einem Gleisradius von 150 m. Bei diesem kleinen Radius können sich die Radsätze nicht radial einstellen, sondern in die Gegenrichtung. Das führt zu einem großen Anlaufwinkel von $\alpha = 0{,}9°$ und zu großen Querkräften. Fas Laufwerk zeigt eine ausgeprägte Freilaufstellung.

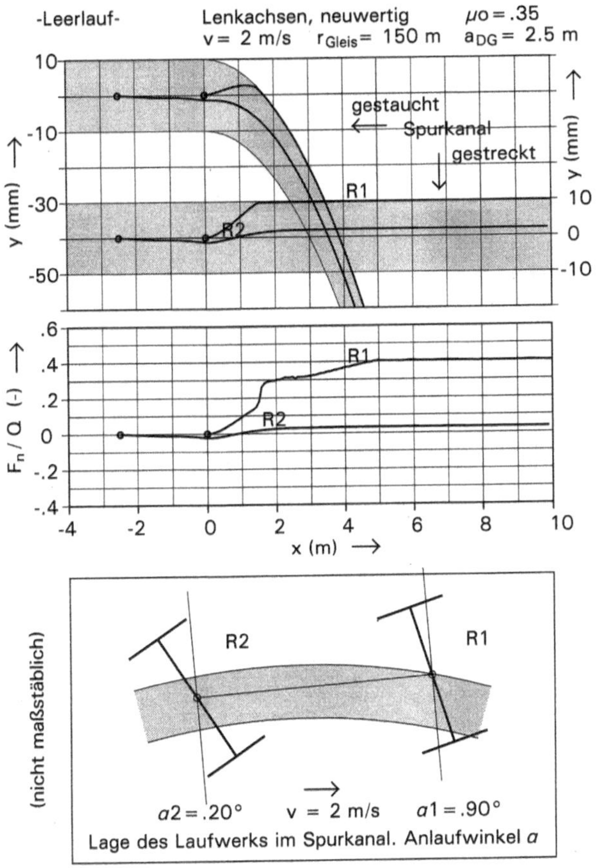

Abb. 4.15 Spur der Radsätze und relative Querkräfte für Lenkachsen, Leerlauf, Gleisradius 150 m

Schließlich zeigt Abb. 4.16 das gleiche wie vorher, nur mit einem Gleisradius von 400 m. Das ist der Idealfall des Bogenlaufs mit nahezu Sehnenstellung des Laufwerks und einem Anlaufwinkel von fast 0°. Entsprechend klein sind die Querkräfte.

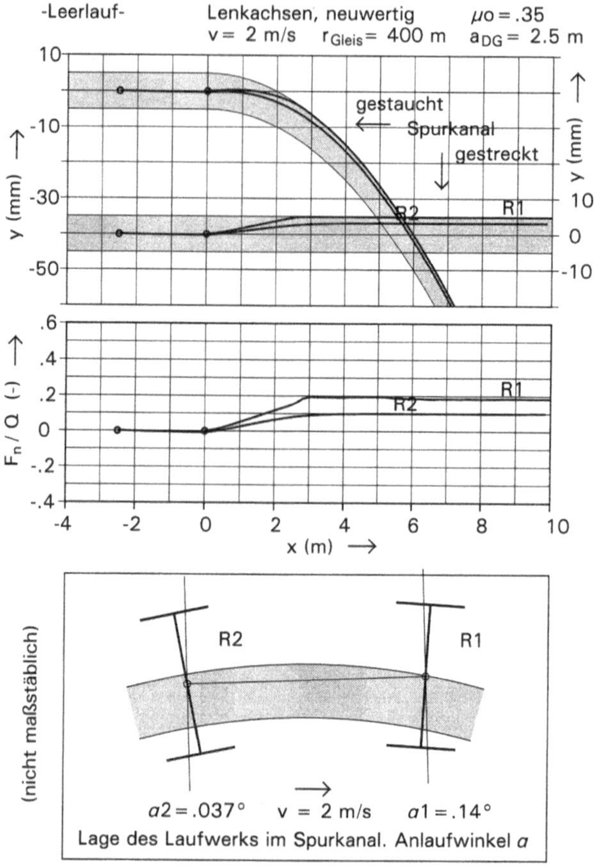

Abb. 4.16 Spur der Radsätze und relative Querkräfte für Lenkachsen, Leerlauf, Gleisradius 400 m

Querkräfte als Kurvenscharen

Die nachfolgenden Diagramme geben die Querkräfte verschiedener Laufwerktypen wieder, allerdings nicht im zeitlichen Verlauf, sondern als Maximalwert als Funktion des Gleisradius. Parameter dabei ist der Achsabstand des Laufwerks a_{LW}. Die Normalkraft F_n ist der horizontalen Querkraft Y gleichzusetzen und ist charakteristisch für den Belastungszustand sowie den zu erwartenden Verschleiß. Sie ist von folgenden Größen abhängig:

- Querschlupf infolge Anlaufwinkel (Hauptanteil)
- Längsschlupf beider Radsätze und
- sonstige Effekte, z. B. Fliehkraft oder Rückstellkraft des Laufwerks bei Auslenkung.

Abb. 4.17 zeigt die Kurvenschar für neuwertige Rad- wie Schienenprofile. Die jeweils oberen Kurven gelten für trockene Schienen ($\mu_0 = 0{,}35$), die unteren für nasse Schienen ($\mu_0 = 0{,}10$). Erwartungsgemäß sind die Kräfte bei kleinen Radien am größten. Man erkennt bei allen Kurven den relativ geringen Einfluß des Achsabstandes auf die Kräfte: Mit zunehmendem Abstand verringern sich die Kräfte bei kleinen Radien und umgekehrt.

Der Radienbereich zwischen 100 und 200 m kommt auf freier Strecke praktisch nicht vor, wohl aber in Weichen. Interessant ist vor allem der Bereich zwischen 200 und 400 m, welcher im mitteleuropäischen Streckennetz am häufigsten vertreten ist mit Ausnahme der Neubaustrecken.

Abb. 4.18 zeigt die Bogenkräfte bei verschlissenen Profilen. Der einzige, allerdings geringe Unterschied ist der schnellere Abfall der Kräfte im Bereich 200…500 m Gleisradius. Es sei darauf hingewiesen, dass es eine Unzahl von Kombinationen Verschleißzustand Rad/Schiene gibt und der hier dargestellte Zustand eben nur einer von vielen ist.

In Abb. 4.19 ist für neuwertige Profile der Einfluß des Radradius auf die Bogenkräfte dargestellt. Man erkennt, dass der Radradius praktisch keinen Einfluß auf die Bogenkräfte hat.

Abb. 4.20 ist wie alle folgenden wiederum mit dem Parameter Achsabstand berechnet. Der Unterschied zu den vorigen Diagrammen ist der Lastfall, nämlich dynamisch mit einem Beschleunigungsüberschuß von 1 m/s^2. Auffallend ist der Kraftabfall bei nasser Schiene im Bereich der Radien bis 300 m. Das deutet darauf hin, dass die Fliehkraft auf den nachfolgenden Radsatz größer ist als die Führungskräfte beider Radsätze und das Laufwerk eine Sehnenstellung einnimmt.

Die beiden folgenden Abb. 4.21 und 4.22 sind für angetriebene Achsen mit Rückstellmoment des Laufwerks (Flexicoil-Federung) ermittelt worden, was in den bisherigen Beispielen nicht berücksichtigt ist. Es wird volle Reibungsausnutzung unterstellt, d. h. maximal nutzbarer Schlupf in Fahrtrichtung. Damit ist weniger Reibkraft in Querrichtung verfügbar. Abb. 4.21 ist mit einer harten

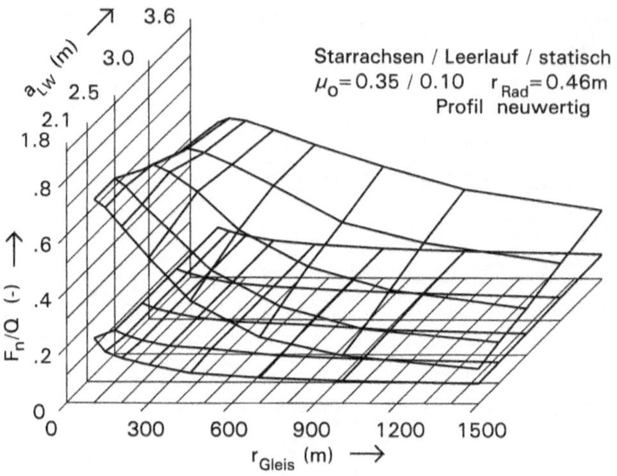

Abb. 4.17 Relative Querkräfte als Funktion des Gleisradius und des Reibwerts für Starrachsen, Leerlauf, Profil neuwertig

Federrate von $c_D = 2 \cdot 10^6$ Nm/rad berechnet, während Abb. 4.22 eine Federrate von $c_D = 5 \cdot 10^5$ Nm/rad aufweist mit entsprechend geringeren Querkräften. Man erkennt die stark gestiegenen Kräfte bei harter Federrate sowohl bei trockener als auch bei nasser Schiene, die dem etablierten Grenzwert von $F_n/Q = 1{,}2$ ziemlich nahe kommen. Klar erkennbar ist auch die deutlich höhere Kraft bei kleinem Achsabstand in Abb. 4.19, was sich durch den geringeren Hebelarm des Drehgestells erklärt.

Abb. 4.23 zeigt den Kräfteverlauf von Lenkachsen bei Leerlauf und sonstigen Parametern wie Abb. 4.17. Ab einem Bogenradius von etwa 350 m reicht das Radienverhältnis κ_R des Rades aus, um den Radsatz radial einzustellen, vorher nicht.

Abb. 4.24 ist mit Kreuzankerführung des Laufwerks berechnet worden und zeigt den gleichen Trend wie das vorige Abbildung, wenn auch nicht so ausgeprägt. Diese Bauart hat sich in größerem Umfang lediglich bei den Südafrikanischen Eisenbahnen SAR durchsetzen können, begünstigt durch deren Kapspur (1067 mm Spurweite) und dem dadurch geringeren κ_{Gleis}.

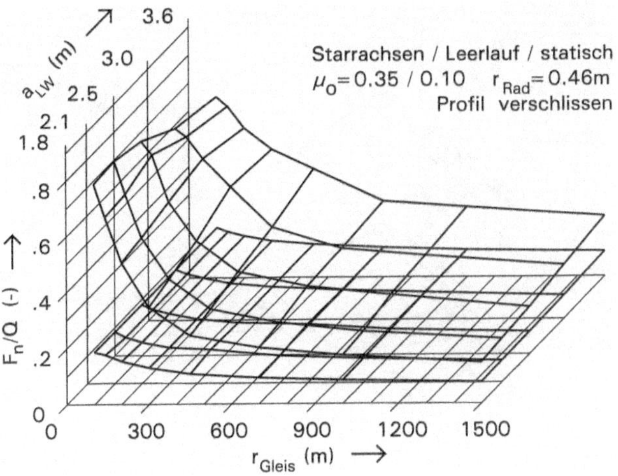

Abb. 4.18 Relative Querkräfte als Funktion des Gleisradius und des Reibwerts für Starrachsen, Leerlauf, Profile verschlissen

Abb. 4.25 ist für Losräder ermittelt worden. Es zeigt ein insgesamt höheres Niveau der Kräfte mit geringerer Abnahme über dem Gleisradius. Das liegt vor allem an der fehlenden Zentrierung der Radsätze infolge Konizität.

Abb. 4.26 zeigt für ein AAR-Standardlaufwerk (sogenanntes *three piece bogie*) einen ähnlichen Verlauf wie bei Starrachsen (Abb. 4.17), jedoch auf etwas höherem Niveau. Hier kommt es allerdings sehr darauf an, welche maximale Fehlstellung (=Schubverformung) man dem H-Rahmen zubilligt: Im vorliegenden Beispiel sind es rund 0,5° zwischen Quer- und Längsträger – für ein verschlissenes Laufwerk wahrscheinlich ein zu kleiner Betrag. Bei größeren Werten steigen die Kräfte im unteren Radienbereich deutlich an. Dieses Laufwerk ist das Standard-Drehgestell aller Nordamerikanischen Bahnen und ist weltweit vor allem in Minenbahnen eingesetzt.

Abb. 4.27 ist abschließend für ein Antriebsdrehgestell mit Radsatzsteuerung ermittelt worden, wo die erforderliche Radsatzführung durch Lenker von der Brücke her erzwungen wird. Dabei wird allerdings eine Gleitführung des Drehgestells unterstellt, d. h. keine Rückstellkraft bei Auslenkung im Bogen. Verblüffend ist das geringe Kraftniveau über dem gesamten Gleisradius, und so

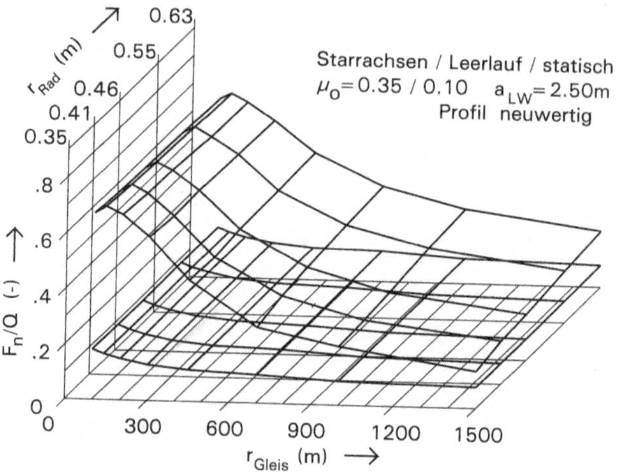

Abb. 4.19 Relative Querkräfte als Funktion des Gleisradius und des Reibwerts für Starrachsen, Leerlauf, Parameter Radradius

nimmt es nicht wunder, dass der US-amerikanische Lokhersteller Progress Rail (früher EMD) offensiv für diese Bauart *(radial truck)* seiner Standardlok SD70MAC wirbt. Dieses Laufwerk ist zwar dreiachsig, ändert aber gegenüber einem zweiachsigen mit gleichem Radstand wenig. Bei diesem Laufwerk mit Flexicoil-Federung der Brücke (d. h. mit entsprechender Rückstellkraft bei Auslenkung) nähert sich der Kräfteverlauf allerdings wieder der Situation in Abb. 4.19, je nach Federrate. Nebenbei sei erwähnt, dass amerikanische Dieselloks mit einem Schlupf von 4…5 % fahren [7] und damit Reibwerte von bis zu 0,45 erreichen.

Es wird noch einmal ausdrücklich darauf hingewiesen, dass die selbsttätige Radialeinstellung der Radsätze nur funktioniert, wenn $\kappa_{Rad} \geq \kappa_{Gleis}$ ist und die Reibkraft F_x des Innen- und Außenrades entgegengesetzt wirkt. Das ist nur bei Laufredsätzen gegeben, wobei das S1002-Profil diese Bedingung erst ab einem Bogenradius von etwa 350 m erfüllt. Bei angetriebenen (bzw. gebremsten) Radsätzen dominiert der Antriebsschlupf, sodaß die selbsttätige Radialeinstellung i. a. nicht funktioniert.

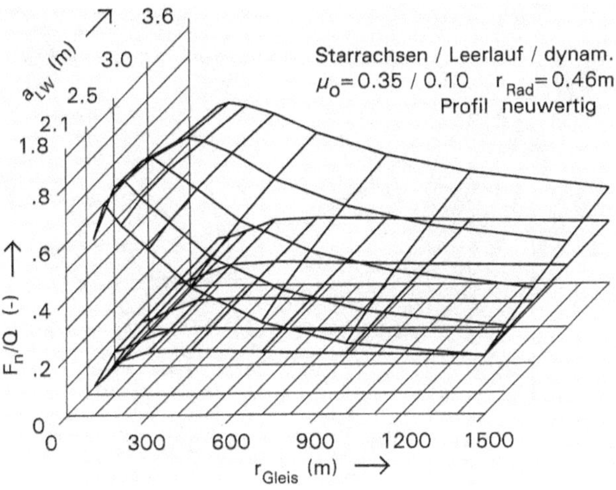

Abb. 4.20 Relative Querkräfte als Funktion des Gleisradius und des Reibwerts für Starrachsen, Leerlauf, dynamisch

4.1.4 Schlußfolgerungen

Bei angetriebenen Laufwerken hat sich die radsatzgesteuerte Version unter den hier angeführten Kriterien als die günstigste herausgestellt. Einer früheren Untersuchung [8] zufolge hat diese Bauart bei der DB nicht überzeugen können im Gegensatz zu den vorab erwähnten US-Loks. Welche Gründe im einzelnen dafür maßgebend waren, ist dem Autor nicht bekannt. Bei den nichtangetriebenen Laufwerken ist die Bauart mit Lenkachsen optimal, aber für enge Kurven weniger geeignet. Allgemein haben sich Starrachslaufwerke trotz ihrer schlechten Bogenlaufeigenschaften durchgesetzt. Ein weiterer Vorteil dieser Bauart ist der stabile Lauf im Geschwindigkeitsbereich bis etwa 350 km/h. Darüber hinaus bieten Losräder größere Vorteile.

Wie bereits erwähnt, sind bei den südafrikanischen Eisenbahnen SAR Kreuzanker-Laufwerke erfolgreich eingeführt worden. Dort musste aber die Konizität vergrößert werden bei gleichzeitiger Spurkranz-Schwächung, obwohl wegen der Kapspur κ_{Gleis} kleiner ist als bei Normalspur.

Zusammenfassend kann man festhalten, dass die Bahnverwaltungen auf ihren Netzen mit überwiegend engen Kurven zukünftig Laufwerke bereitstellen

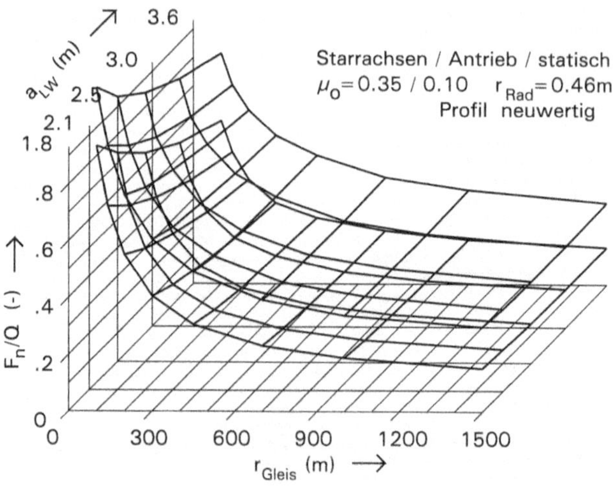

Abb. 4.21 Relative Querkräfte als Funktion des Gleisradius und des Reibwerts für Starrachsen, Profile neuwertig, Ausdrehmoment Drehgestell $2 \cdot 10^6$ Nm/rad

müssen, welche gleisfreundlich und geräuscharm sind. Vor allem dem Aspekt *Lärmvermeidung* kommt immer größere Bedeutung zu, weil im dicht besiedelten Europa der Verkehrslärm von der Bevölkerung nicht mehr länger hingenommen wird. Die Geräuschentwicklung hat im Wesentlichen zwei Ursachen: Erstens die Rad- bzw. Schienenrauigkeit und zweitens die Fehlstellung des Radsatzes im Bogen, welche zwangsläufig Schlupf erzeugt. Durch Körperschall werden die daraus resultierenden hochfrequenten Schwingungen über das Laufwerk auf die Fahrzeugbrücke übertragen und als Schall abgestrahlt.

Wie vorab erwähnt, haben Losräder gewisse Vorteile gegenüber Radsätzen, wie beispielsweise in [9] dargestellt. Letztlich haben sich Losräder trotz ihrer lauftechnischen Vorteile vor allem bei hohen Geschwindigkeiten nicht durchsetzen können, denn der konstruktive Aufwand ist erheblich größer als beim Radsatz. Außerdem ist die Gefahr des Blockierens beim Bremsen bei Laufrädern ebenfalls größer. Der einzige, dem Autor bekannte Anwendungsfall für Losräder bei Vollbahnen ist der spanische Talgo-Zug. Bei Niederflur-Trambahnen ist diese Bauart allerdings Standard.

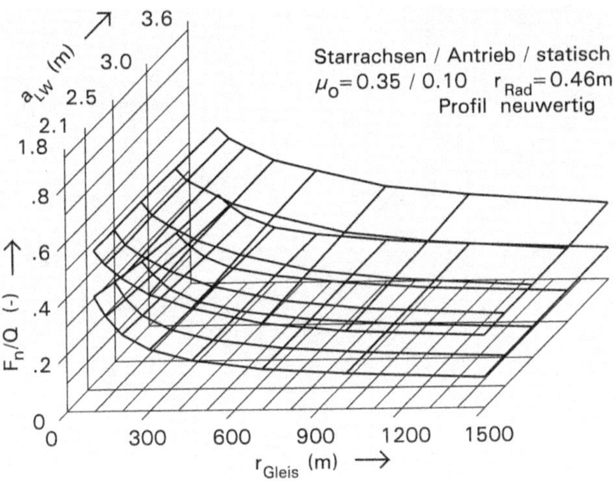

Abb. 4.22 Relative Querkräfte als Funktion des Gleisradius und des Reibwerts für Starrachsen, Profile neuwertig, Ausdrehmoment Drehgestell $5 \cdot 10^5$ Nm/rad

4.2 Spannungsverteilung im Kontakt

Ein kinematisch exakt abrollendes Rad hat keinen Schlupf und somit keine Gleitzone im Schienenkontakt, sofern es nicht belastet ist. In diesem Zustand können aber auch keine Antriebs- oder Bremskräfte übertragen werden, sondern erst mit einem gewissen Schlupf. In der Praxis ist jedoch jedes Rad belastet und in der Kontaktzone elastisch verformt, siehe Abb. 4.28. Dabei wird in dieser Zone das Rad gestaucht und die Schiene gestreckt, d. h. es entsteht dort ein Gleitvorgang. Dieser misst sich zwar nur in µm, führt aber zu einem Verlust an Haftung und somit zu einem geringeren mittleren Kraftschlußbeiwert. Insgesamt gibt es mehrere Ursachen, die ein kinematisch exaktes Abrollen des Rades verhindern und damit Verschleiß erzeugen:

- elastische Verformung der Kontaktzone infolge Radlast
- Antriebs-/Bremsschlupf
- Schwingungen des Radsatzes (Torsion und Biegung)
- Zwangsgleitungen im Gleisbogen bei starr geführten Radsätzen

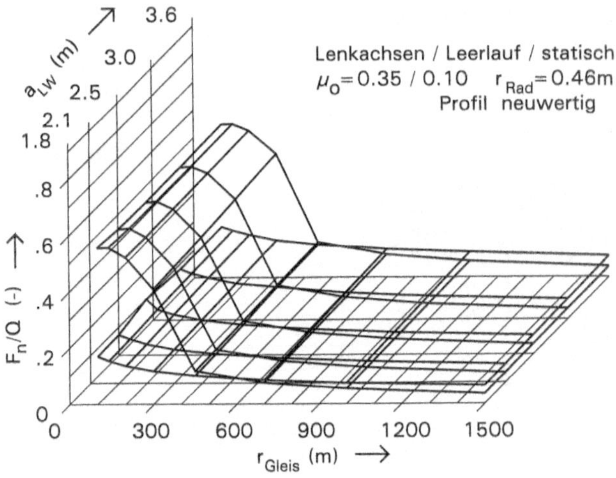

Abb. 4.23 Relative Querkräfte als Funktion des Gleisradius und des Reibwerts für Lenkachsen, Leerlauf, Profile neuwertig

Diese Abhandlung untersucht, wie sich Haft- und Gleitzonen bei unterschiedlichen Belastungen einstellen und trägt zum Verständnis bei, wie sich der Rad/Schiene-Kontakt bei Belastung verhält. Dieses Wissen ist erforderlich, will man die Grenzen der Belastbarkeit dieser Kernkomponente der Eisenbahntechnik ausloten.

Einleitung

Der Rad/Schiene-Kontakt hat je nach Radlast, -durchmesser und Profilzustand die Größe einer mittleren Münze und steht unter hoher Druckspannung. Werden zusätzlich Antriebs- oder Bremskräfte übertragen, entsteht Schlupf im Kontakt, und es werden Scherkräfte eingeleitet. Dabei stellt sich die Frage, wie sich der Schlupf im Kontakt spannungsmäßig auswirkt.

Kalker [10] hat diese Frage in mehreren Veröffentlichungen aufgegriffen und Gleit- und Haftzonen im Kontaktbereich identifiziert (Abb. 4.29a). Dabei endet in seinen Grafiken die Haftzone teils an der Gleitzone, teils an der Kontaktgrenze. Letzteres ist schwer vorstellbar: In der Haftzone herrscht naturgemäß die höchste Druckspannung (sonst gäbe es keine Haftung), und diese maximale Druckspannung geht auf einer Seite schlagartig in ein spannungsfreies Feld über. Das ist bei einem Kontakt von gewölbten, stetigen Oberflächen nicht vorstellbar

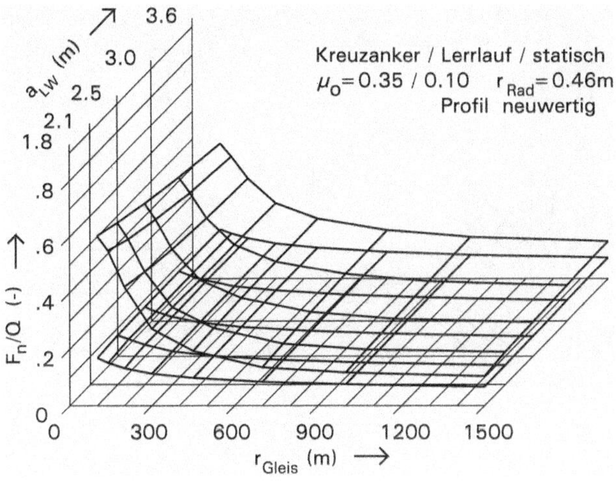

Abb. 4.24 Relative Querkräfte als Funktion des Gleisradius und des Reibwerts für Kreuzanker, Leerlauf, statisch

(Abb. 4.29b). Bestärkt in diesem Zweifel wurde der Autor durch die Veröffentlichung von Prof. Z. Li von der TU Delft [11], welche den theoretischen Ansatz von Kalker infrage stellt.

Eigener Ansatz

Eine geschlossene Lösung des Problems ohne anfechtbare Vereinfachungen ist offenbar nicht möglich, und so wird dafür die Methode der Finiten Elemente (FEM) gewählt. Auch hier werden Vereinfachungen vorgenommen, die aber plausibel und nachvollziehbar sind.

Untersucht werden soll der Kontakt der Schienen- und Radprofile 60E1 und S1002, jeweils im Neuzustand. Des weiteren soll sich der Radsatz in Mittelstellung im Gleis befinden. Umfangreiche Voruntersuchungen haben gezeigt, dass bei dieser Konstellation der Spurkranz keinen Einfluß auf den Kontaktbereich hat und dass das Radprofil dort als zylindrisch angenommen werden kann.

FEM-Modell

Die Kontaktzone Rad/Schiene ist relativ klein. Das Hertz'sche Ersatzmodell ist Walze/Walze um 90° verdreht (siehe Abb. 2.1). Somit besteht Punktkontakt mit sehr hoher Pressung. Daher genügt es, einen Teilbereich von Rad und Schiene

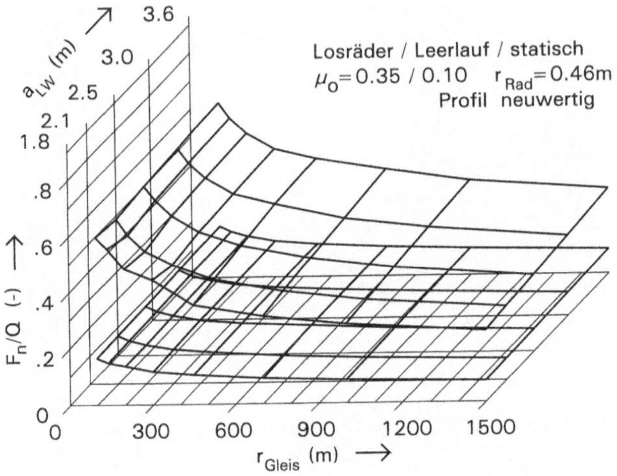

Abb. 4.25 Relative Querkräfte als Funktion des Gleisradius und des Reibwerts für Losräder, Leerlauf, statisch

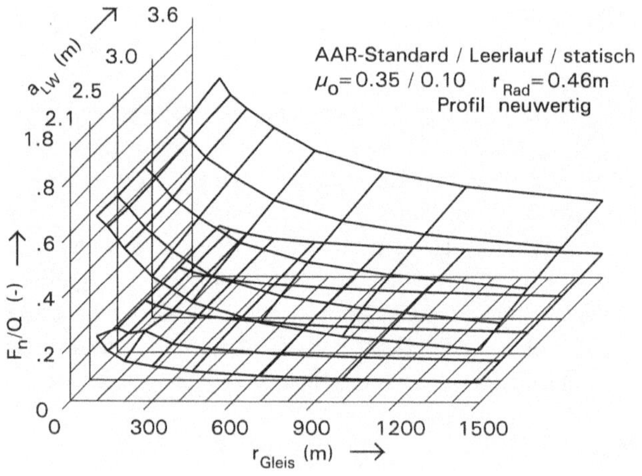

Abb. 4.26 Relative Querkräfte als Funktion des Gleisradius und des Reibwerts für AAR-Standard, Antrieb statisch, Ausdrehmoment Drehgestell $5 \cdot 10^5$ Nm/rad

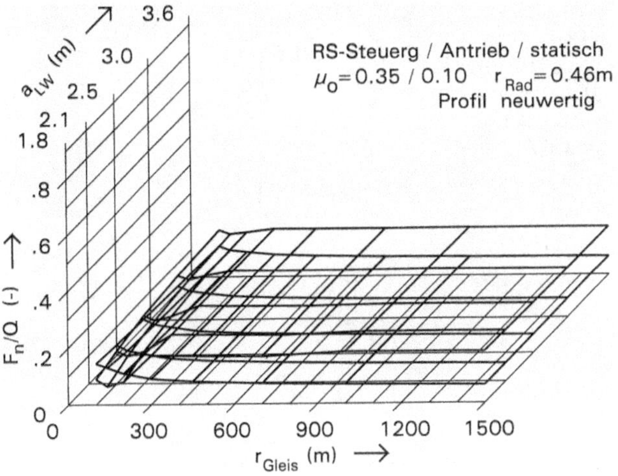

Abb. 4.27 Relative Querkräfte als Funktion des Gleisradius und des Reibwerts für Radsatz-Steuerung, Antrieb, statisch

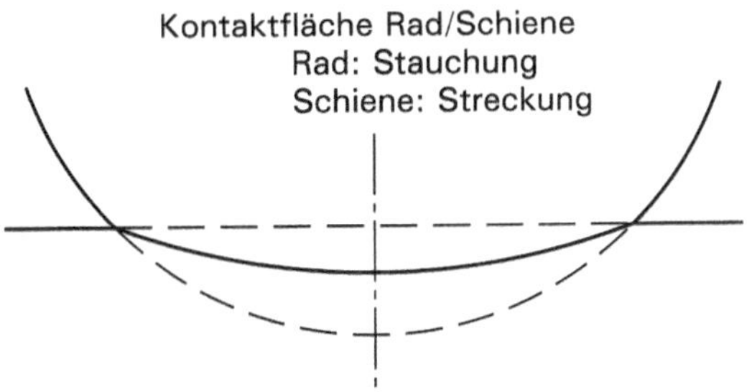

Abb. 4.28 Kontaktfläche Rad/Schiene

zu modellieren (Abb. 4.30). Dabei spielen die Randbedingungen an den Schnittstellen eine Schlüsselrolle: Beim Rad sind sie so formuliert, dass der Abrollvorgang mit und ohne Schlupf kinematisch exakt ausgeführt wird.

Das dreidimensionale FEM-Modell besteht aus zwei Teilen und ist in Abb. 4.31 wiedergegeben. Das obere Teil (Rad) ist zylindrisch und das untere (Schiene) weist auf der Lauffläche mit einem Radius von 300 mm die Wölbung

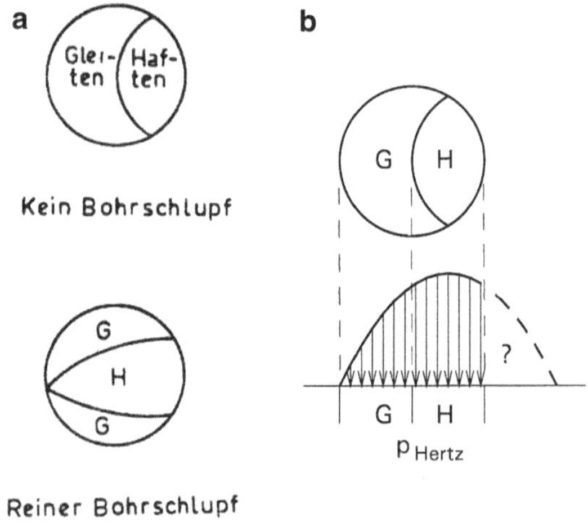

Abb. 4.29 **a** Ausschnitt der grafischen Darstellung der Ergebnisse von [10], **b** Verlauf der Hertz'schen Pressung über der Kontaktzone gemäß a

des Schienenkopfes auf. Die Oberflächen im Kontaktbereich des Modells bestehen aus Kontaktelementen, welche auch Tangentialkräfte infolge Reibung übertragen können.

Die Quader-Elemente des FEM-Modells haben im Kontaktbereich eine Kantenlänge von 0,5 mm und abgestuft nach außen hin 4 mm. Trotz dieser Optimierung hat das Modell noch rund 44,000 Knoten.

Ergebnisse

Die Ergebnisse der FE-Berechnung wurden mit dem Grafik-Programm PCL von hp ausgewertet und grafisch aufbereitet. Bei den nachfolgenden Bildern wird ein Feld rund um den Kontaktbereich mit 20 mm Breite und 40 mm Länge betrachtet (Abb. 4.32). Jeder 2. Knoten der Kontaktfläche der Schiene in x-Richtung (längs) und jeder Knoten in y-Richtung (quer) ist durch eine Linie verbunden. Im unbelasteten Zustand sind das parallele Linien. Die mittlere Linie ist durch einen kleinen Kreis gekennzeichnet. Dieser Abbildung liegen folgende Daten zugrunde:

$$\text{Radlast } Q_{\text{Rad}} = 100\,\text{kN}$$
$$\text{Raddurchmesser } r_{\text{Rad}} = 1250\,\text{mm}$$
$$\text{Kraftschlussbeiwert } \mu = 0{,}4$$
$$\text{Anlaufwinkel } \alpha = 0^\circ$$
$$\text{Schlupf } s = 4\,\%$$

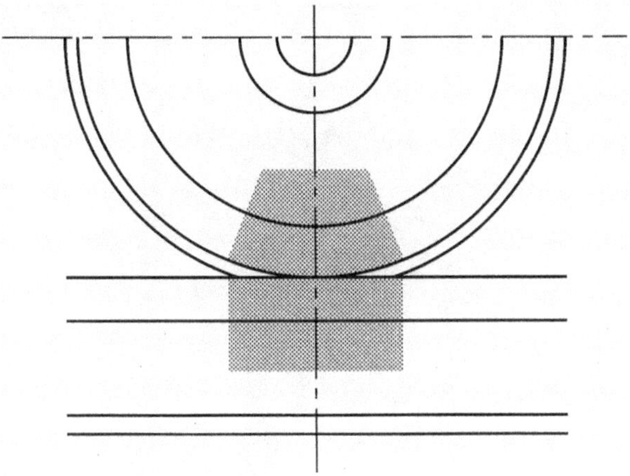

Abb. 4.30 Für das FEM-Modell ausgewählter Teil des Rad/Schiene-Systems

Das mittlere und untere Teilbild zeigt die Verformung der Kontaktfläche bei Rad und Schiene. Diese Verformungen liegen im Bereich 5μm. Damit sie sichtbar werden, sind sie um den Faktor 2500 vergrößert. Das obere Teilbild zeigt die Differenz der Verformungen von Rad und Schiene, und man erkennt deutlich den Bereich der Hertz'schen Pressung.

Abb. 4.33 oben und Mitte gibt die verformte Oberfläche der Schiene wieder. Die Kontaktzone ist etwa 24 mm lang und 18 mm breit, wobei die Grenze fließend ist. Die Tiefe der Verformung beträgt rund 32μm. Das untere Bild enthält die wesentliche Aussage dieser Untersuchung: Die Linien von Rad und Schiene sind gemeinsam in dieser Grafik enthalten. Die stärker gezeichneten Linien sind jeweils die zentralen Linien aus Abb. 4.32 mit einem kleinen Kreis in der Mitte.

Die Linien von Rad und Schiene aus Abb. 4.32 fallen in der Mitte zusammen (ebenso die kleinen Kreise), und das bedeutet, dass es dort keine Relativbewegung zwischen Rad und Schiene gibt, sondern Haftung vorliegt. Dieser Bereich ist in der Grafik dunkel hinterlegt. Der Bereich der Haftung im R/S-Kontakt ist eine ellipsenähnliche Fläche. Der Bereich der Gleitung ist, wie bereits angesprochen, aus Abb. 4.32 oben erkennbar und ist eher kreisförmig.

Nun stellt sich die Frage, wie sich der Bereich der Haftung bei unterschiedlichen Parametern verändert. Verringert man den Kraftschlußbeiwert auf $\mu = 0{,}2$ bei sonst gleichen Werten, schrumpft die Zone der Haftung. Verringert man

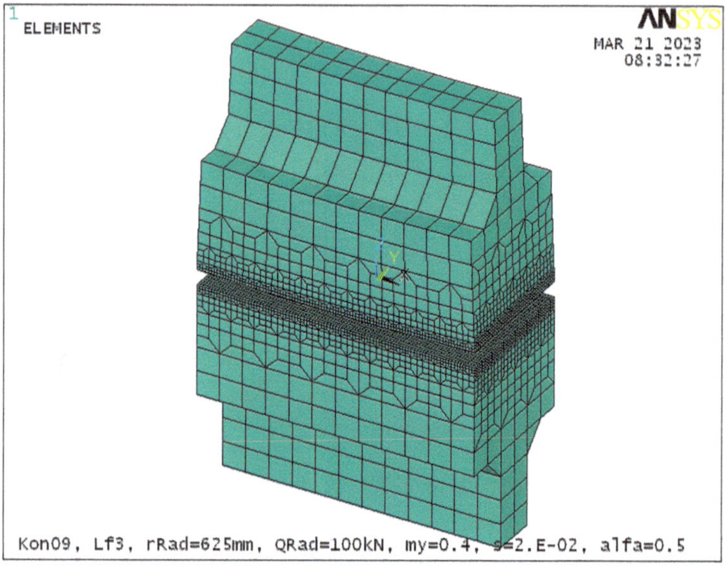

Abb. 4.31 Räumliches FEM-Modell des Rad/Schiene-Systems

dagegen den Schlupf auf beispielsweise s = 2 %, vergrößert sich die Fläche der Haftung, behält aber Lage und Richtung bei.

Von besonderem Interesse ist der Einfluß des Anlaufwinkels α, welcher bei Kurvenfahrt eine wichtige Rolle spielt. Für α = 0,5° und sonst gleichen Daten wie bei Abb. 4.33 erhält man das in Abb. 4.34 wiedergegebene Resultat: Die Fläche der Haftung wird kleiner und dreht sich mit dem Anlaufwinkel um einen Betrag, der ziemlich genau α/2 entspricht.

Das Gesamtergebnis dieser Untersuchung ist in Abb. 4.35 zusammen gefaßt: Der Bereich der Haftung liegt praktisch symmetrisch zum Kontaktbereich und ist im wesentlichen ellipsenförmig. Er wird größer mit steigendem Kraftschlussbeiwert und kleiner mit steigendem Schlupf. Läuft das Rad an der Schiene an mit einem Anlaufwinkel α>0°, so dreht sich der Bereich der Haftung etwa um den halben Anlaufwinkel und wird kleiner. Bei den hier angenommenen Parametern gibt es bereits bei Werten α>0,7° keine Haftung mehr, sondern nur noch Gleiten.

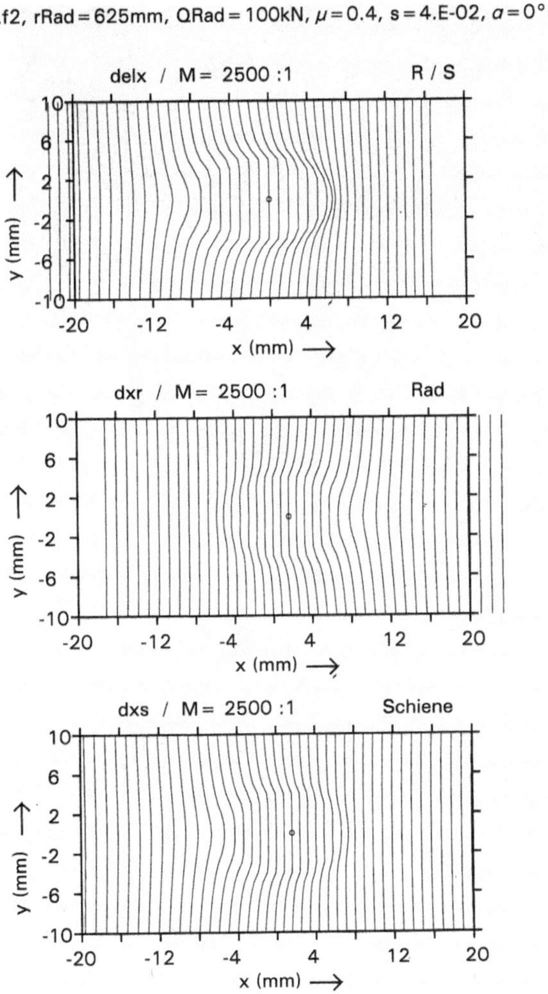

Abb. 4.32 Rechteck-Ausschnitt der kontaktierenden Oberflächen

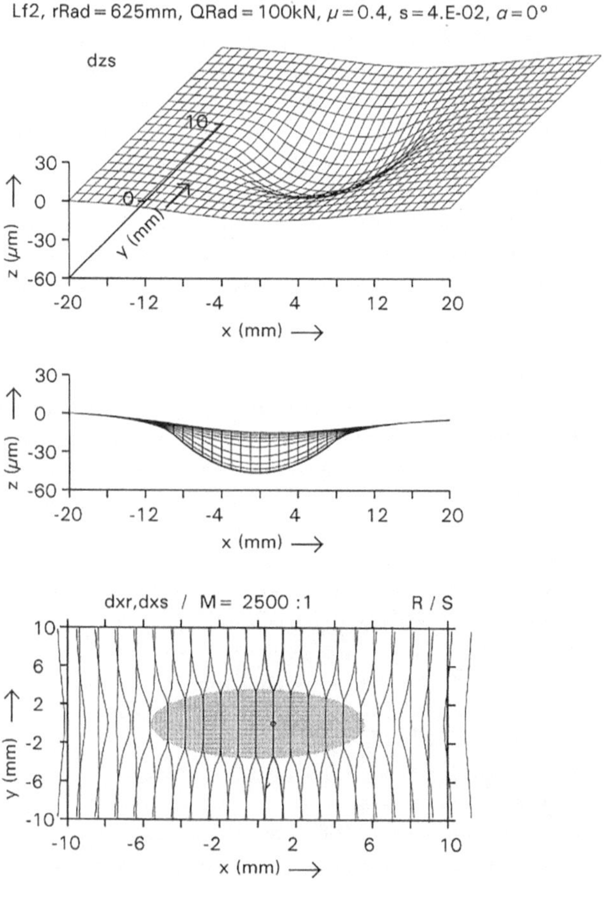

Abb. 4.33 Verformung unter Last vertikal und horizontal

4.3 Temperaturen im Kontakt

Einleitung

Mit der schrittweisen Ablösung der früheren Fahrzeuggeneration der DB mit Einphasen-Kommutatormotoren (z. B. BR 110,140,150, vormals E10, E40, E50) durch solche mit Asynchron-Drehstrommotoren (BR 101,145,185, Abb. 4.36) stellte sich unerwartet ein erheblich höherer Schienenverschleiß ein. Die Ursachen dafür sind bis heute nicht restlos geklärt. Anhand der beiden Elloks 140 und

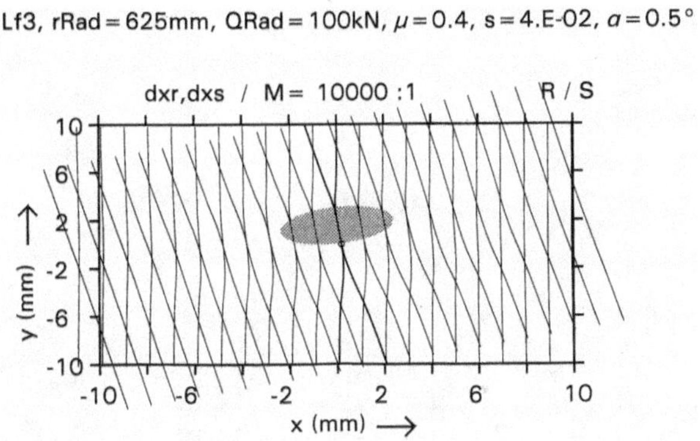

Abb. 4.34 Horizontale Verformung im Kontaktbereich bei Schräglauf des Rades mit $\alpha = 0{,}5°$

Abb. 4.35 Gleit- und Haftzonen im Rad/Schiene-Kontakt bei unterschiedlichen Parametern

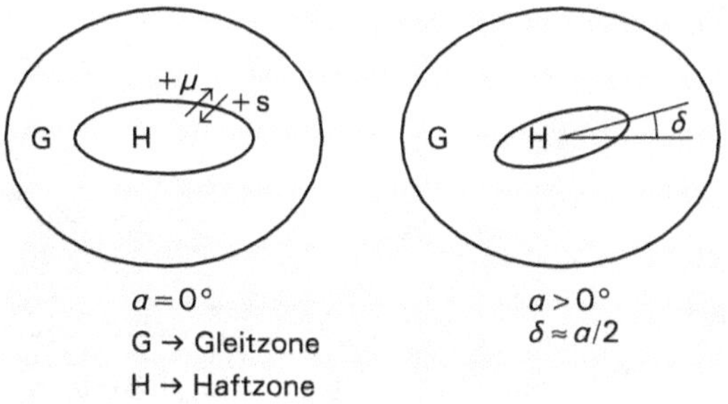

185 soll nun die unterschiedliche Beanspruchung der Gleise und daraus folgend die bei Überrollung entstehenden Temperaturen ermittelt werden.

Charakteristische Daten der Loks

Beide Loks haben 2achsige Drehgestelle mit Rädern von 1250 mm Durchmesser. Auch die Dienstmasse mit rund 84t ist gleich. Die wesentlichen Unterschiede sind in Tab. 4.1 aufgelistet. Durch die um 40 % gesteigerte Leistung kann die BR 185 in einem wesentlich größeren Bereich an der Reibungsgrenze fahren als die BR 140, siehe Abb. 4.37. Durch die Schlupfregelung des Antriebs der BR

Abb. 4.36 **a** Ellok der Baureihe 140 (früher: E40) der DB. Foto: DB Museum/Uwe Niklas, **b** Ellok der Baureihe 185 der DB

Tab. 4.1 Charakteristische Daten der Elloks BR 140 und 185

	BR 140	BR 185
Leistung	4000 kW	5600 kW
Motorart	Einphasen-Kommutator	Dreiphasen-Asynchron
Antrieb	Gummifederring	Tatzlager
Achsabstand,Drehgestell	3,40 m	2,60 m
Max. Zugkraft	154 kN *)	300 kN
Rückstellmoment Drehgest	0 Nm/rad	ca $2*10^6$ Nm/rad

*) bei Stundenleistung nach Datenblatt Glasers Annalen

185 nutzt sie darüber hinaus den Reibwert optimal aus. Dagegen kann die BR 140 mit ihrem Schaltwerk die Reibungskurve nur gestuft nachfahren. Ein Überschreiten des Grenzmoments führt zum Durchdrehen des Antriebs und damit zum gefürchteten Radsatztoben, das jeder erfahrene Lokführer tunlichst vermeidet und lieber unterhalb des möglichen Grenzwertes bleibt.

Der zweite wesentliche Unterschied ist die Motorart, welche bei gleichem Einbauraum die vorab erwähnte Leistungssteigerung ermöglicht. Ein weiterer maßgeblicher Unterschied ist die Antriebsmechanik, siehe Abb. 4.38. Die BR 185 besitzt einen Tatzlagerantrieb, die BR 140 (E40) dagegen einen Gummiringfederantrieb. Letzterer besteht aus zwei Stirnverzahnungen und einer Hohlwelle, welche sternförmig über Gummielemente mit der Radscheibe verbunden ist. Diese Lösung ist zwar aufwendig und teuer, hat aber den großen Vorteil der Dämpfung der Torsions- **und** Biegeschwingungen des Radsatzes. Diese Dämpfung fehlt beim Tatzlagerantrieb, weil die Materialdämpfung von Stahl vernachlässigbar gering ist.

Schließlich ist noch die unterschiedliche Rückstellkraft der Drehgestelle bei Auslenkung zu berücksichtigen. Die BR 140 besitzt Gleitplatten, welche kein Rückstellmoment erzeugen, während die BR 185 eine Flexicoilfederung aufweist mit einer relativ hohen Federsteife von rund $2 \cdot 10^6$ Nm/rad.

4.3.1 Berechnungsgrundlagen

Bei beiden Loks wird im R/S-Kontakt für die Mittelstellung des Radsatzes im Gleis eine mittlere Hertzsche Pressung von 800 N/mm^2 angesetzt. Nach Curtius-Kniffler ergibt sich bei 60 km/h ein Reibwert von 0,233. Die schlupfgeregelte BR 185 erreicht einen höheren Wert, welcher mit 0,3 angenommen wird, während für

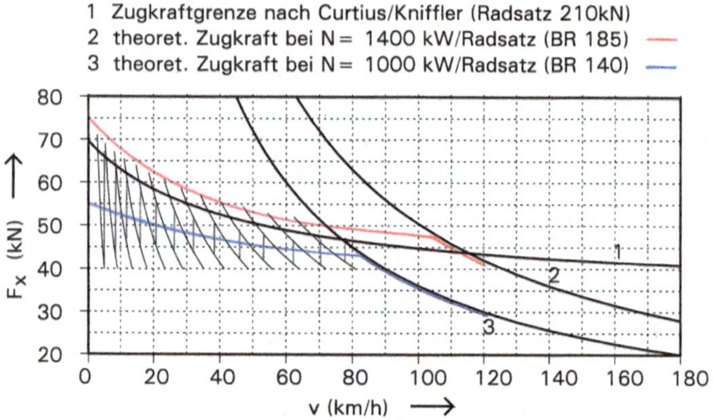

Abb. 4.37 Zugkraftkurven am Radsatz für die Baureihen 140 und 185

die BR 140 wegen der geringeren Zugkraft ein Reibwert von 0,2 angenommen wird. Die in Abb. 4.37 rot und blau gezeichneten Kurven sind die nach den verfügbaren Unterlagen anzunehmenden tatsächlichen Verläufe der Zugkraft. Sie sind den nachfolgenden Berechnungen zugrunde gelegt.

Kräfte am Rad

Mit Hilfe des bereits in Abschn. 4.1 erwähnten Berechnungsprogramms werden die Querkräfte an der Bogenaußenschiene ermittelt zu

$$Y_{140} = 44{,}0\,\text{kN mit einem Anlaufwinkel von}$$
$$\alpha_{140} = 0{,}03^\circ \text{ und}$$
$$Y_{185} = 60{,}4\,\text{kN mit einem Anlaufwinkel von}$$
$$\alpha_{185} = 0{,}13^\circ$$

Die deutlich höheren Werte der BR 185 liegen vor allem an den unterschiedlichen Rückstellmomenten und Achsabständen der Drehgestelle. Die Vortriebskräfte der Loks streuen in einem weiten Bereich. Entsprechend Abb. 4.37 werden Werte von 40 bzw. 55 kN pro Radsatz als charakteristisch zugrunde gelegt.

Energie-Eintrag in die Kontaktfläche

Die für den Energie-Eintrag in die Kontaktfläche Rad/Schiene maßgebende Schlupf kann aus der Zugkraft beider Loks abgeschätzt werden: Er wird wegen des Zugkraftverhältnisses von 40 zu 55 mit 1 bzw. 1,5 % angenommen. Damit ergibt sich die Reibleistung im Kontaktbereich zu

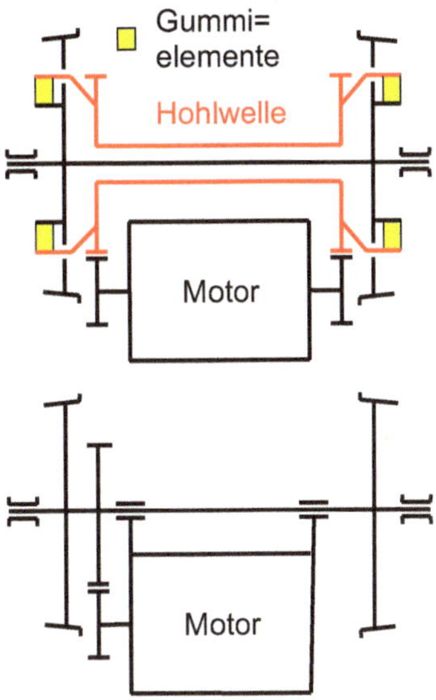

Abb. 4.38 Schematische Darstellung von Tatzlager- und Gummiringfederantrieb

$$L_R = p_{Hz} \cdot \Delta v \cdot \mu \quad \text{und somit}$$

$$L_{R140} = 800 \cdot 0{,}167 \cdot 0{,}2 = 26{,}7\,\text{W/mm}^2$$

$$L_{R185} = 800 \cdot 0{,}25 \cdot 0{,}3 = 60{,}0\,\text{W/mm}^2$$

Besonderheiten des Drehstromantriebes

Bei der heutigen Fahrzeug-Generation wird der Einphasen-Wechselstrom der Oberleitung an Bord zu Gleichstrom und danach zu Drehstrom unterschiedlicher Spannung und Frequenz umgewandelt. Letzteres gelingt aber nur gestuft, und solche Kurven sind nach Kenntnis des Autors nicht veröffentlicht. In der Literatur [12], Abb. 4.39, ist ein vergleichbarer Verlauf einer solchen Umwandlung dargestellt, und es ist naheliegend, dass die Abweichung der Kurve von der idealen sin-Linie zu Drehschwingungen des Antriebs führt. Dieser Effekt ist in der Literatur [13] bereits dokumentiert, zwar bei einem Triebwagen, aber doch mit der vergleichbaren Elektronik. Dabei sollen die maximalen Torsionsmomente in der Radsatzwelle ein mehrfaches des Nennmoments betragen. Leider ist der exakte Faktor nicht veröffentlicht. Diese Torsionsschwingungen überlagern den statischen Schlupf.

Das Nennmoment verursacht eine Verdrehung der Radscheiben um rund 0,2°, bei 3fachem Nennmoment also beispielsweise 0,6°. Wenn beide Radscheiben

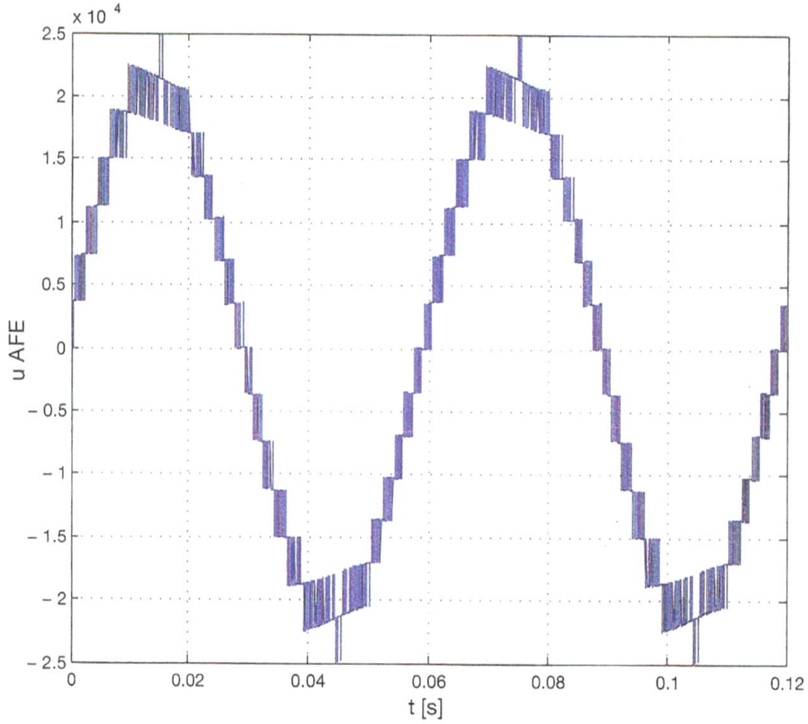

Abb. 4.39 Verlauf der Motorspannung nach der Wechselrichtung

gegeneinander schwingen, ist das am Rad 0,6/2 = 0,3° entsprechend einer Strecke am Radumfang von a = 3,3 mm. Bei einer Torsionsfrequenz des Radsatzes von 70 Hz entspricht das einer effektiven Schwinggeschwindigkeit von

$$v_{eff} = a \cdot 2/\pi \cdot f = 147\,\text{mm/s}$$

Entsprechend ist die in den Kontakt eingetragene Reibleistung

$$L_{R185} = 800 \cdot (0{,}25 + 0{,}147) \cdot 0{,}3 = 95{,}3\,\text{W/mm}^2$$

Temperaturen im Kontaktbereich

Die Temperaturberechnung wird mit einem 3D-FEM-Programm durchgeführt, siehe Abb. 4.40. Es zeigt den Kontakt Rad/Schiene mit den entsprechenden Temperaturen. Dabei ist der Kontaktbereich des Schienenmodells sehr fein gegliedert.

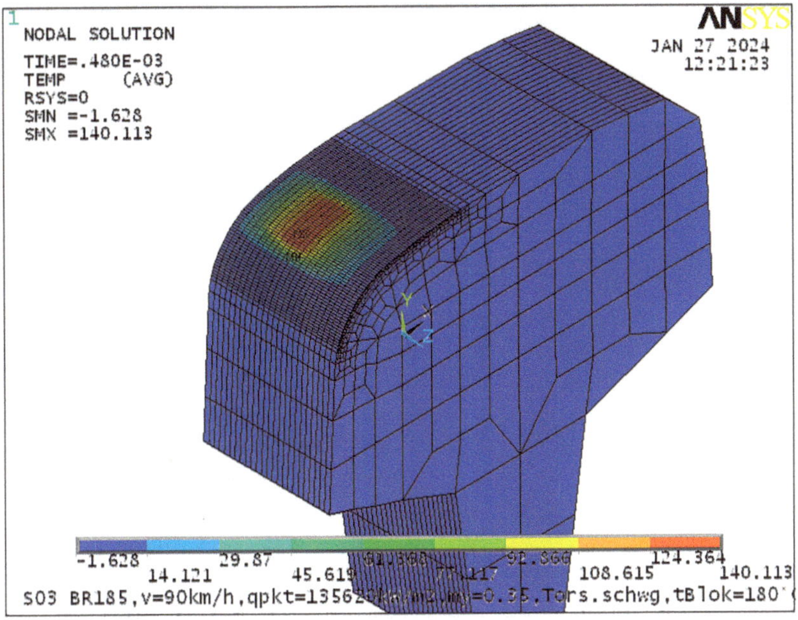

Abb. 4.40 Temperatur der Schienenoberfläche nach Überrollung

Die Dicke der Elemente an der Oberfläche beträgt 0,2 mm, weil durch die extrem kurze Einwirkung die Eindringtiefe der Wärme nur sehr gering ist. Aus diesem Grunde genügt es auch, den Schienenkopf nur mit einem kurzen Stück des Steges ohne den Fuß nachzubilden.

Der zeitliche Verlauf der Temperaturen für das Überfahren mit allen vier Radsätzen der BR 185 zeigt Abb. 4.41. Deutlich erkennbar ist der extrem steile Temperaturanstieg, das nahezu ebenso steile Abklingen und die nur geringe Temperaturzunahme durch die mehrfache Überrollung.

Diese Temperaturen wurden mit den halben Werten der vorab ermittelten Reibleistungen berechnet, weil die Reibungswärme sich auf beide Kontaktpartner verteilt. Sie sind deutlich niedriger als einige bisher in der Literatur, z. B. [14, 15] bekannt gewordenen. Entsprechende Messwerte an der Schiene zur Kontrolle sind dem Autor nicht bekannt.

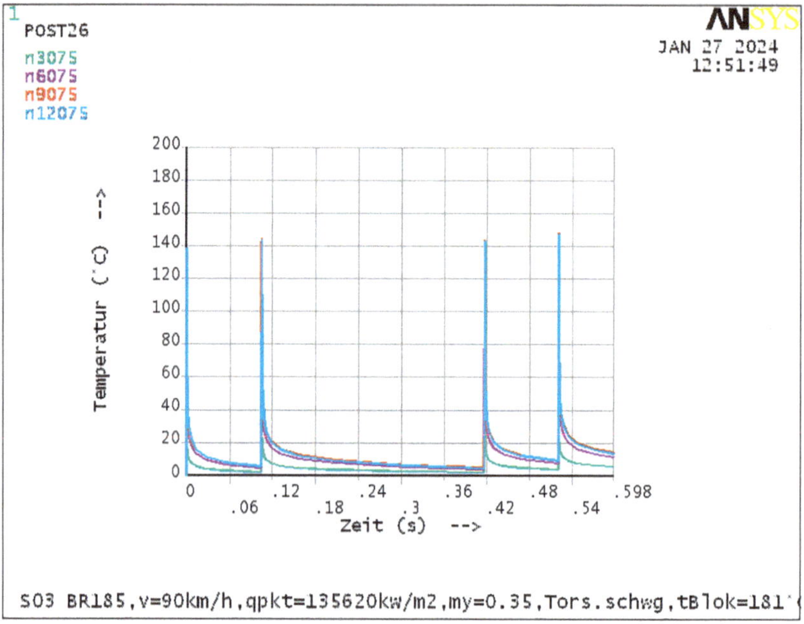

Abb. 4.41 Zeitlicher Temperaturverlauf bei Überrollung der BR 185 mit allen vier Radsätzen bei 90 km(h

Schließlich zeigt Abb. 4.42 noch einmal in Vergrößerung von Abb. 4.41 den zeitlichen Verlauf der Temperatur an der höchstbelasteten Stelle der Schienenoberfläche. Die Einwirkzeit der Überrollung beträgt nur etwa 0,45 ms. Damit ergibt sich ein Temperaturgradient von 402°/ms im Anstieg. Der Verlauf danach ist ein typischer Abklingvorgang.

Temperaturen infolge Torsionsschwingungen des Radsatzes

Der Radsatz wird vom Gleis wie auch vom Antrieb her zu vielfältigen Biege- und Torsionsschwingungen angeregt. Fällt die anregende Kraft mit einer Eigenfrequenz des Radsatzes zusammen, spricht man von Resonanz. Diese bewirkt eine Vergrößerung der Schwingungsamplitude um mehr als das doppelte, je nach Dämpfung des Systems. Dadurch erhöht sich die Temperatur im Kontakt. Mehr darüber ist im Kapitel 5.3 enthalten.

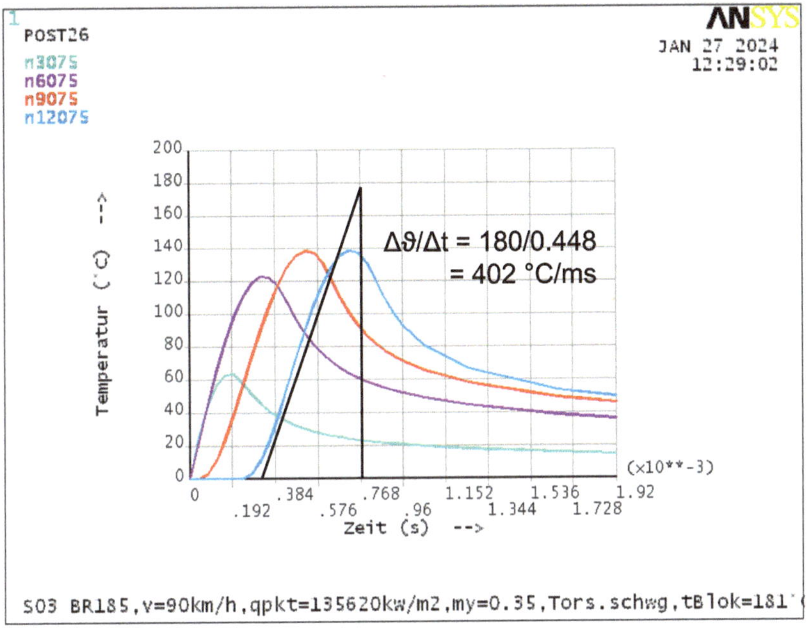

Abb. 4.42 Zeitlicher Temperaturverlauf bei Überrollung eines Radsatzes der BR 185 mit Temperaturgradient

4.3.2 Bloksche Blitztemperatur-Hypothese

Um die o. a. Temperaturen abzusichern, kann man sich der Blokschen Hypothese bedienen [16]. Diese wurde zwar für Laufverzahnungen entwickelt, wo aber bezüglich Material, Pressungen und Schlupf sehr ähnliche Verhältnisse wie beim Rad/Schiene-Kontakt vorliegen und daher vergleichbar sind. Blok gibt für die Temperaturerhöhung folgende Näherungsformel an:

$$\Delta\vartheta_{Blok} = A \cdot q_{mit} \cdot (w{:}v)^{0,5}{:}b$$

w = Kontaktbreite, $A = 1{,}11$ (Faktor), v = Relativgeschwindigkeit.

$b = (k \cdot c \cdot \rho)^{0,5}$ mit k = Wärmeleitfähigkeit

c = spezif. Wärme, ρ = Dichte, $q_{mit} \approx 0{,}67 q_{max}$

Somit ergibt sich für die Ellok BR 185 eine Temperaturerhöhung von

$$\Delta\vartheta_{\mathrm{Blok}} = 181\,^{\circ}\mathrm{C}$$

Dieser Wert ist deutlich höher als das Ergebnis auf FEM-Basis, was aber angesichts der Unschärfe solcher Berechnungen mit diversen Annahmen durchaus annehmbar ist. Darüber hinaus gibt es Messwerte an Scheiben und Laufverzahnungen [17], welche die Blokschen Berechnungen im wesentlichen bestätigen.

Literatur

1. Frederich, F.: Beitrag zur Untersuchung der Kraftschlußbeanspruchungen an schräg rollenden Schienenfahrzeugrädern. Diss. TU Braunschweig 1969
2. Häse, P., Menth, S.: Kraftschluß bei Triebfahrzeugen – Modellbildung und Verifikation an Messdaten. Eb – Elektrische Bahnen 94 (1996), S. 125–134
3. Popp, K, Schielen, W.: System Dynamics and Long Term Behaviour of Railway Vehicles, Track and Subgrade. Springer Berlin, Heidelberg 2003
4. Gallardo Hernandez, E. A.: Wheel and Rail Contact Simulation Using a Twin Disc Tester. Dissertation University of Sheffield 2008
5. Scheffel, H.: Der Einfluß der Radsatzführung auf den Verschleiß von Eisenbahnrädern. VDI Berichte Nr.820 (1990), S. 59–70
6. http://de.wikipedia.org/wiki/Erzbahn_(Schweden)
7. German, J.: Amerikanische Praxis bei Lokomotiven und Güterwagen. ZEV Glasers Annalen 107 (1983), S. 237–249
8. Grzonka, M.: Technischer Abschlußbericht zum Forschungsvorhaben „Radial einstellbare Radsätze für Triebfahrzeuge“. DB AG München, Dezember 1994
9. Frederich, F.: Horizonte der Spurführung. Die Überwindung des Radsatzes. ZEV+DET Glasers Annalen 124 (2000), Mai, S. 317–324
10. Kalker, J.: Über die Mechanik des Kontaktes zwischen Rad und Schiene. ZEV Glas. Ann. 102 (1978), Nr. 7/8, S. 214–217
11. Lewis, R., Olofsson, U. (Hrsg): Wheel-rail interface handbook, Kapitel 13, CRC Woodhead Publishing 2009
12. Chaudhuri, T. e.a.: Der Power Electronic Traction Transformer. Geschickte Ausnützung der Physik. Eisenbahn-Revue 3/2014, S. 122–126
13. Bieker, G. e.a.: Bremsscheibe als Tilger für Radsatz-Torsionsschwingungen. ZEVrail 138 (2014), S. 381–387
14. Ertz, M. Knothe, K.: Thermal stresses and shakedown in wheel/rail contact. Archive of Applied Mechanics 72 (2003), S. 715–729

15. Vo, K. D. e.a.: Comparisons of stress, heat and wear generated by AC versus DC locomotives under diverse operational conditions. Wear 328–329 (2015), S. 186–196
16. Theyse, F. H.: Die Blitztemperaturhypothese nach Blok und ihre praktische Anwendung bei Zahnrädern. Schmiertechnik 14 (1966) 1, S. 22–28
17. Winter, H. e.a.: Messung von elastohydrodynamischen Parametern. Tribologie und Schmierungstechnik, 41. Jahrgang, 5/1994, S. 268–280

Betriebliche Probleme 5

5.1 Entgleisung

Solange sich Radsatz und Gleis innerhalb der zulässigen Toleranzen befinden und das Fahrzeug die erlaubte Geschwindigkeit nicht überschreitet, dürfte es theoretisch keine Entgleisungen geben. Die Praxis zeigt aber das Gegenteil, wenn auch relativ selten:

- Entgleisungen im Kurven- oder Weichenbereich bei Geschwindigkeiten unter etwa 40 km/h und
- Entgleisungen auf freier Strecke bei Geschwindigkeiten über 100 km/h, siehe Ausarbeitung [1].

Letztere, verursacht meistens durch Gleisverwerfungen, ereignen sich heute praktisch nicht mehr, weil auf den Hauptstrecken Holzschwellen durch Betonschwellen ersetzt worden sind und somit der Querverschiebe-Widerstand des Gleises ausreichend ist. Daher beschränkt sich diese Betrachtung auf die erstgenannten Fälle.

Bei Entgleisungen spielen Achsentlastungen und Querkräfte, welche meistens stoßartig auftreten, eine entscheidende Rolle. Die klassische Formel zur Abschätzung eines zulässigen Grenzwertes für die Querkraft Y auf den Radsatz wird üblicherweise Nadal zugeschrieben, obwohl sie bereits neun Jahre früher von Boedecker [2] veröffentlicht worden ist. Diese Formel ist aber nichts weiter als die Keilformel der technischen Mechanik (→Statik) und berücksichtigt lediglich den Keilwinkel (bzw. Flankenwinkel) und den Kraftschlussbeiwert. Zu allem Überfluß ist sie auch noch falsch angesetzt, obwohl sie für einen Anlaufwinkel

R. Fleiss, *Das Rad/Schiene-System der Eisenbahn*,
https://doi.org/10.1007/978-3-662-72159-9_5

von $\alpha>0°$ zu einem brauchbaren Wert führt, aber in der falschen Bewegungsrichtung des Rades.

Vollständig lautet die angepaßte Keilformel

$$Y/Q = (\tan\gamma - \mu) : (1 + \mu \cdot \tan\gamma)$$ für Abwärtsbewegung (= Aufgleisen)

und

$$Y/Q = (\tan\gamma + \mu) : (1 - \mu \cdot \tan\gamma)$$ für Aufwärtsbewegung (= Entgleisung) des Rades (Abb. 5.1).

Man findet in praktisch jeder Literatur, deutsch- wie englischsprachig, die unzutreffende Formel für die Abwärtsbewegung, welche für $\gamma = 70°$ und $\mu = 0{,}35$ zu dem vertretbaren Ergebnis $Y/Q = 1{,}22$ führt, während die zutreffende Formel für die Aufwärtsbewegung (=Entgleisen) zu dem Resultat $Y/Q = 80{,}7$ kommt. Das ist nahe an der Selbsthemmung, und in Abb. 5.1 unten mit $Q = 0$ ist dies tatsächlich der Fall. Da der Anlaufwinkel α des Rades als wichtigster Parameter der Entgleisungsmechanik nicht berücksichtigt ist, kann diese Formel nur für $\alpha = 0°$ gelten, also z. B. statisch im geraden Gleis. Dabei können Fahrzeuge nicht entgleisen, weil bei dieser Keilsituation Spurkranz/Schiene Selbsthemmung herrscht. Der Entgleisungsvorgang ist also mit einer einfachen Formel dieser Art nicht darstellbar, denn außer dem Anlaufwinkel gibt es noch weitere wichtige Parameter.

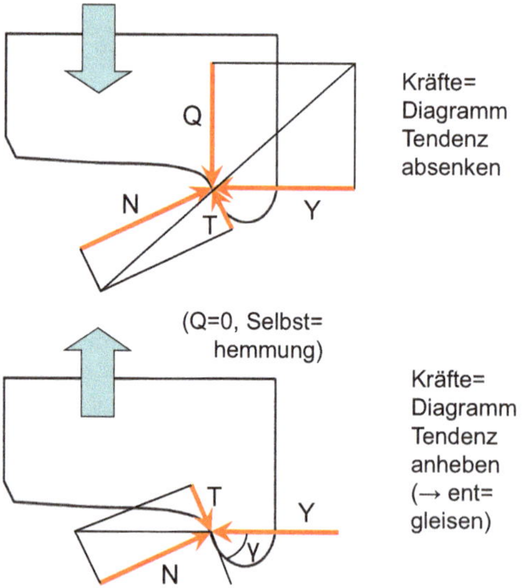

Abb. 5.1 Kräftediagramm beim Absenken **(a)** und Aufklettern **(b)** des Rades

5.1.1 Einflußgrößen auf die Entgleisung

Die Entgleisung ist ein sehr komplexer Vorgang und geschieht durch das Zusammenwirken mehrerer Ursachen. Einfluß auf eine Entgleisung haben insgesamt folgende Parameter:

- Anlaufwinkel Rad/Schiene
- Kraftschlussbeiwert
- Querkraft
- Achs-, Radentlastung
- Flankenwinkel Spurkranz, Verschleißzustand
- Rückstellmoment Drehgestell
- Steifigkeit Schiene, Schienenbefestigung

Der Anlaufwinkel wiederum ist abhängig von

- Gleisradius (Abb. 5.2 oben)
- Laufwerk, Achsabstand (Abb. 5.2 Mitte)

Abb. 5.2 Der Anlaufwinkel α besteht aus drei Komponenten: $\alpha = \alpha_S + \alpha_R + \alpha_L$

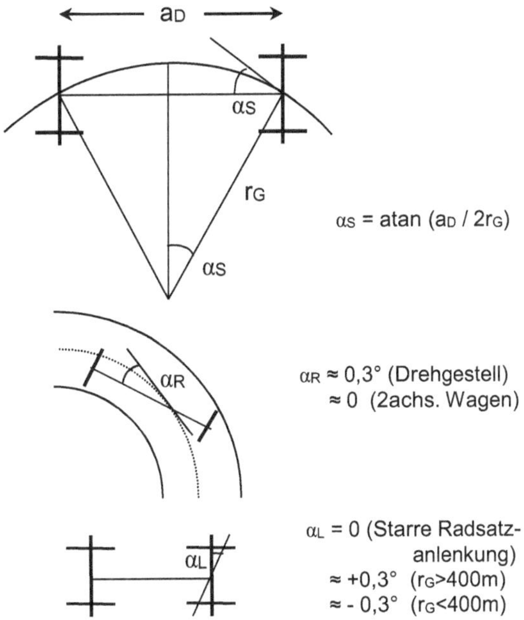

- Laufwerk, Achsanlenkung längs (Abb. 5.2 unten)
- Spurspiel, Verschleißzustand Rad/Schiene

Aus der Fülle der Parameter ist schon ersichtlich, dass es eine einfache Formel für die zulässige Querkraft Y nicht geben kann oder umgekehrt: dass eine einfache Formel nur einen pauschalen Grenzwert liefern kann.

5.1.2 Eigener Ansatz

Zunächst soll die Kinematik des Abrollvorganges am Rad betrachtet werden, siehe Abb. 5.3. Die Geschwindigkeit im Mittelpunkt M ist v, und die Winkelgeschwindigkeit des Rades ist $\omega = v/r_{Rad}$. Der Radaufstandspunkt ist der Momentanpol MP, wo die Geschwindigkeit Null ist (ohne Schlupf), nicht jedoch ω. Bei positivem Schlupf (Antrieb) wandert MP nach oben, bei negativem (Bremsen) nach unten.

Die Kontaktflächen Spurkranz/Schiene sind schematisch als Ellipsen für unterschiedliche Anlaufwinkel dargestellt: Ellipse liegt mittig ($\phi = 0$) bei Anlaufwinkel Null. Der Abstand der Kontaktmitte zum Momentanpol ist a, die Projektion der Kontaktmitte auf die xz-Ebene. Damit ist dort die Gleitgeschwindigkeit

$$v_G = a \cdot \omega \text{ mit } a = \left(\Delta x^2 + \Delta z^2\right)^{0,5}$$

Der Winkel Kontaktmitte/Radmitte ist ϕ. Abb. 5.4 zeigt die Lage der Kontaktzonen bei einem Anlaufwinkel von α>0°. Der Abstand der Kontaktmitten in

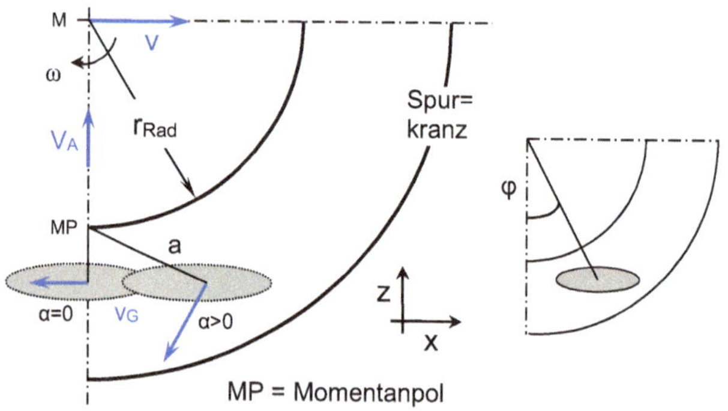

Abb. 5.3 Kinematik des Abrollvorganges am Spurkranz

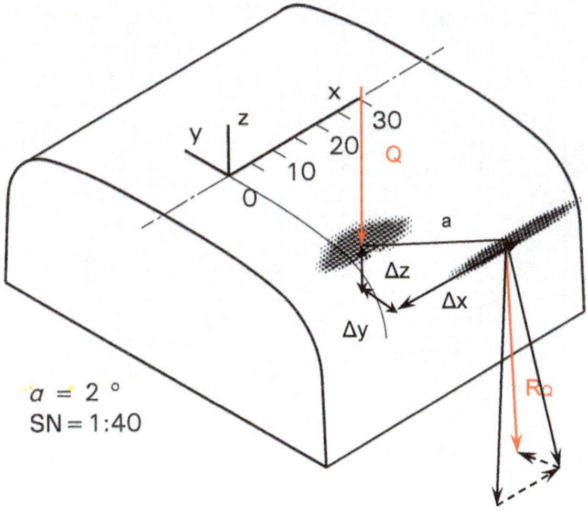

Abb. 5.4 Kräfte am Schienenkopf

Längsrichtung des Gleises ist Δx, welcher außerdem vom Raddurchmesser abhängig ist, wie Abb. 5.5 zu entnehmen ist. Dort ist auch die Näherungsgleichung für Δx angegeben. Für den vertikalen Abstand Δz gilt mit guter Näherung

$$\Delta z = 2 + 4\alpha \text{ mm} \quad \text{mit } \alpha(^\circ)$$

Δz ist nicht vom Raddurchmesser abhängig, sondern nur von der Geometrie von Rad und Schiene. Je nach Verschleißzustand und Anlaufwinkel streuen diese Werte zwischen $\Delta z = 0....10$ mm. Bei $\alpha = 0$ und nur einer Kontaktstelle ist $\Delta z = 0$. Für die weiteren Betrachtungen wird ein Minimalwert von $\Delta z = 2$ mm bei $\alpha = 0°$ zugrunde gelegt, siehe Abb. 5.4.

Nun lässt sich mit einigen Annahmen ein Rechenschema für die Bestimmung des Grenzwertes von Y/Q entwickeln. Für den Schlupf s kommen Werte von -0,02....0....+0,02 in Betracht, für den Kraftschlussbeiwert $\mu = 0{,}1...0{,}4$ und für den Flankenwinkel $\gamma = 70...80°$, je nach Verschleißzustand des Rades (neu → 70°).

Der Winkel ϕ zwischen Vertikale z und Kontaktmitte ist gegeben durch

$$\varphi = \text{atan}(\Delta x / \Delta z)$$

Da erfahrungsgemäß Entgleisungen bei niedrigen Geschwindigkeiten vorkommen, wird die Geschwindigkeit zunächst mit $v = 2$ m/s = 7,2 km/h angenommen. Es

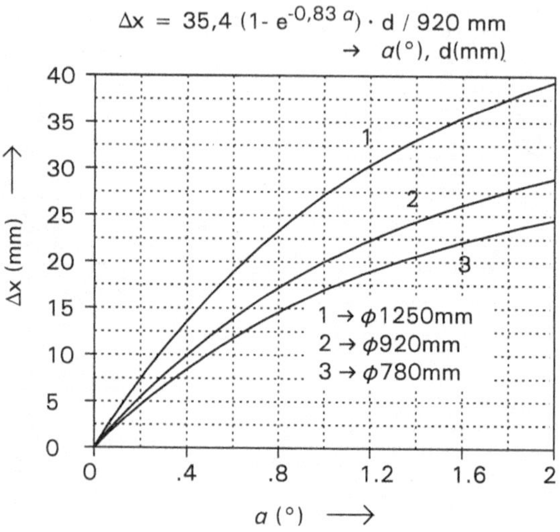

Abb. 5.5 Abstand Δx der Kontaktpunkte in Längsrichtung der Schiene

zeigt sich jedoch, dass bei dieser Geschwindigkeit die berechneten Querkräfte relativ gering sind, sodaß zusätzlich mit einer Geschwindigkeit von 11 m/s entsprechend einer Zentrifugalbeschleunigung von 0,8 m/s^2 bei einem Gleisradius von 150 m gerechnet wird. Die Schlupfgeschwindigkeit beispielsweise bei 2 % Schlupf und v = 2 m/s ist $v_S = \pm 0{,}04$ m/s, muß also gegebenenfalls berücksichtigt werden.

Eine entscheidende Größe in der weiteren Betrachtung ist die Aufklettergeschwindigkeit v_A, die sich nur abschätzen lässt. Die Autoren [3 im Kap. 5] geben Werte von $v_A = 0{,}06$ und 0,10 m/s an, allerdings bei einer Fahrzeuggeschwindigkeit von 15 bzw. 25 km/h.

Wenn man eine Kletterstrecke von etwa 1/4 des Radumfangs annimmt und eine kritische Anhebung des Rades von 15 mm, dann kommt man bei einem Raddurchmesser von 920 mm und einer Fahrzeug-Geschwindigkeit von 2 m/s auf eine Aufkletter-Geschwindigkeit von $v_A = 0{,}03$ m/s. Stellt man diesen Wert und die beiden vorab genannten aus [3] in einem Diagramm dar, so ergibt sich ein nahezu linearer Verlauf dieser drei Werte entsprechend der Gleichung

$$v_A = 0{,}0144\,v\ \text{(m/s)}$$

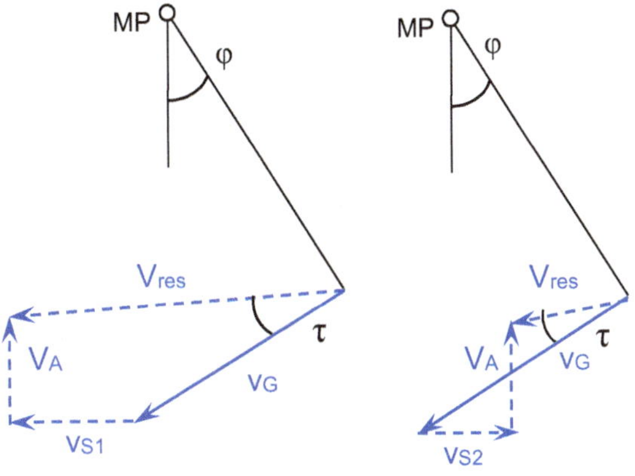

Abb. 5.6 Geschwindigkeitsviereck am Spurkranz

Am Spurkranz stellt sich ein Geschwindigkeits-Viereck ein, welches in Abb. 5.6 wiedergegeben ist. Auf den Spurkranz bzw. die Schienenflanke wirken zwei Kräfte: Eine formschlüssige Kraft infolge der Querkraft Y

$$F_Y = Y \cdot \tan\gamma$$

und eine Kraftschlüssige infolge der resultierenden Relativbewegung v_{res}

$$F_R = Y \cdot \tan\tau$$

Entgleisungsgefahr besteht, wenn $F_Y + F_R > Q$ ist. Nun hat man alle Einflüsse berücksichtigt und kann die vorliegenden Gleichungen programmieren und mit einem Grafikprogramm auswerten.

Ergebnisse

Die Abb. 5.7, 5.8 und 5.9 zeigen die Abhängigkeit der Querkraft Y (bzw. F_n bezogen auf die Radlast Q als Funktion von Anlaufwinkel α und dem Kraftschlussbeiwert μ, den beiden wichtigsten Parametern. Der Wert Y/Q zeigt an, bei welcher Querkraft Entgleisungsgefahr besteht. Diese Diagramme gelten für einen Flankenwinkel von $\gamma = 70°$, eine Geschwindigkeit von $v = 2$ m/s (7,2 km/h) und

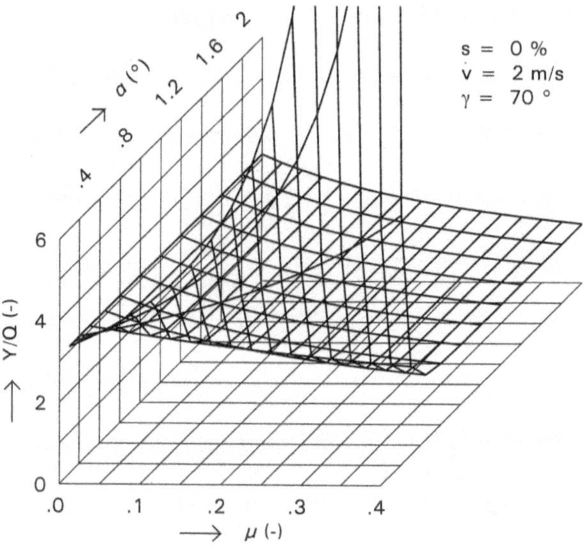

Abb. 5.7 Relative Querkraft Y bei 0 % Schlupf

einen Raddurchmesser von 920 mm. Die Diagramme unterscheiden sich durch den Schlupf von s = −2, 0 und + 2 %.

Man erkennt eine flache Ebene (und somit größte Entgleisungsgefahr) im Quadranten von α = 0,8....2° und μ = 0,15....0,4. Die kleinsten Werte Y/Q sind folgende:

$$
\begin{aligned}
Y/Q = 1{,}45 &\rightarrow s = 0\,\% \\
1{,}39 &\rightarrow s = -2\,\% \\
1{,}61 &\rightarrow s = +2\,\%
\end{aligned}
$$

Diese Ergebnisse korrespondieren nur bedingt mit dem etablierten Nadal-Wert von 1,2. Auffallend ist der Spitzenwert von Y/Q bei s = 0 im Bereich μ>0,3 und α<0,2°. Dort geht dieser nach unendlich, d. h. mechanisch betrachtet: Selbsthemmung am Spurkranz, wie aus Abb. 5.1 ersichtlich ist.

Eine Abhängigkeit der Ergebnisse von der Geschwindigkeit ist nur über den Kraftschlussbeiwert gegeben. Da der hier infrage kommende Geschwindigkeitsbereich von 4–40 km/h relativ eng ist, kann man die angesprochene Abhängigkeit vernachlässigen.

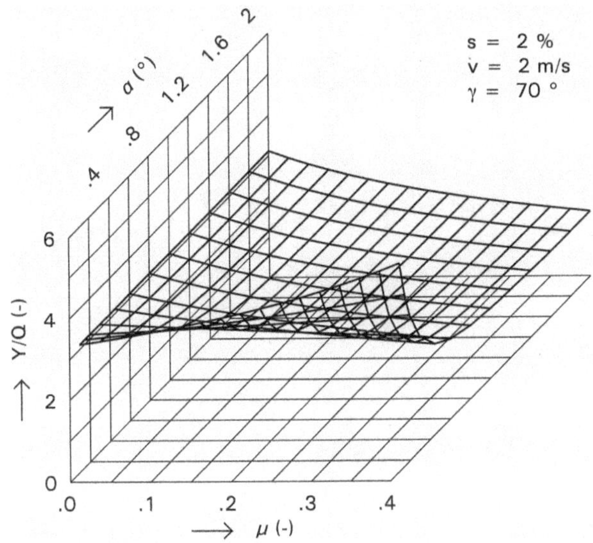

Abb. 5.8 Relative Querkraft Y bei 2 % Schlupf

Der Einfluß des Raddurchmessers auf Y/Q ist aus Abb. 5.5 ersichtlich, wirkt sich jedoch mit weniger als 3 % auf das Ergebnis aus und bräuchte angesichts der Streubreite anderer Parameter (vor allem μ) nicht zwingend berücksichtigt zu werden.

Anwendung auf verschiedene Fahrzeuge

An drei verschiedenen Fahrzeugtypen soll nun untersucht werden, unter welchen Bedingungen Entgleisungsgefahr besteht. Allen drei gemeinsam sind

- Einfahrt in einen 150 m-Bogen ohne Übergangsbogen (z. B. Weiche oder DKW)
- freie Seitenbeschleunigung von ≈0 und 0,8 m/s^2 entsprechend v = 2 und 11 m/s
- Profilpaarung S1002/60E1 jeweils neu
- Kraftschlussbeiwert μ = 0,35

4achs-Güterwagen

Vierachsiger Güterwagen mit Drehgestell-Achsstand von 1,80 m, Gesamtmasse 64t, Starrachsen, Raddurchmesser 920 mm.

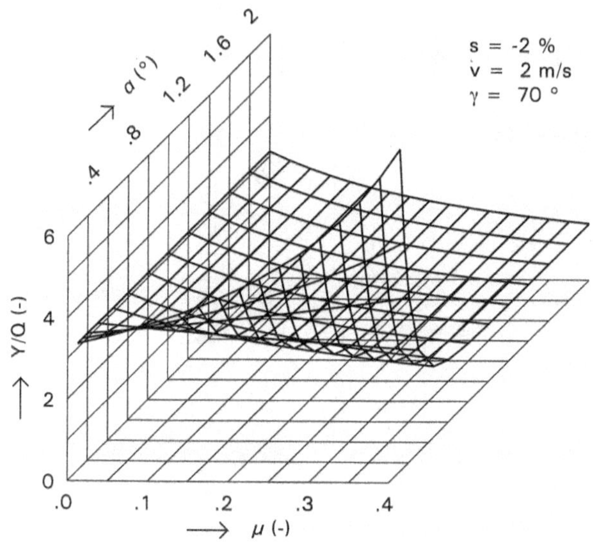

Abb. 5.9 Relative Querkraft Y bei −2 % Schlupf

Die quasistatische Berechnung des Kurvenlaufs ergibt eine Seitenkraft am vorlaufenden Radsatz von Y = 56,9 kN bei einem Anlaufwinkel von $\alpha = 0{,}75°$.

Das ergibt einen Wert von

$$Y/Q = 0{,}71$$

Die dynamische Berechnung ergibt eine Seitenkraft von Y = 69,2 kN bei einem Anlaufwinkel von $\alpha = 0{,}69°$. Das ergibt einen Wert von

$$Y/Q = 0{,}87$$

Der zulässige Wert aus dem Diagramm von Abb. 5.6 ist 1,58 und damit deutlich höher. Es besteht also rechnerisch keine Entgleisungsgefahr.

2achs-Güterwagen

Zweiachsiger Güterwagen, Achsstand 8,00 m, Gesamtmasse 32t, Lenkachsen, Raddurchmesser 920 mm.

Quasistatisch: Y = 49,4 kN, $\alpha = 1{,}75°$. Das ergibt

$$Y/Q = 0{,}62$$

Dynamisch: Y = 62,0 kN, α = 1,75°. Das ergibt

$$Y/Q = 0{,}78$$

Der zulässige Wert ist 1,56 und damit ebenfalls deutlich höher. Somit besteht keine Entgleisungsgefahr.

Elektrolok
Vierachsige Lok, Drehgestell-Achsstand 2,60 m, Gesamtmasse 86t, Starrachsen, Raddurchmesser 1250 mm, Antriebsschlupf s = 1 %.

Quasistatisch: Y = 56,0 kN, α = 0,96°. Das ergibt

$$Y/Q = 0{,}53$$

Dynamisch: Y = 81,4 kN, α = 0,95°. Das ergibt

$$Y/Q = 0{,}77$$

Der zulässige Wert ist 1,69 und damit ebenfalls deutlich höher. Somit auch hier keine Entgleisungsgefahr.

Bewertung, Ausblick
Den Berechnungen liegen, wie vorab dargestellt, einige Annahmen zugrunde, die naturgemäß zu einer gewissen Unschärfe der Ergebnisse führen. Diese Unschärfe liegt aber im Bereich von etwa ± 20 %, nicht jedoch 50 % oder mehr, und sind angesichts der Streubreite von μ vertretbar. Daraus ist zu schließen, dass die Bogeneinfahrt selbst bei Beschleunigungs-Überschuß nicht zu einer Entgleisung führt, sondern mindestens ein weiterer Störeffekt wirksam sein muß. Dies kann eine Radentlastung bei steifem Drehgestell-Rahmen sein oder eine zusätzliche Stoßbelastung infolge der Gleisgeometrie in Weichen, welche i. a. keine Übergangsbögen aufweisen.

Eine wirksame Maßnahme gegen Radentlastung ist ein verwindungsweicher Drehgestellrahmen. Bei Hohlprofilen kann das durch zwei diagonal gegenüberliegende Gelenke erreicht werden.

5.2 Rollkontaktermüdung

Die Schädigung der Schienen infolge Rollkontaktermüdung RKE (englisch Rolling Contact Fatigue RCF) gibt es ausgeprägt erst seit etwa 20 Jahren und hängt vor allem mit der Einführung der Asynchronmotoren anstelle der Einphasen-

Wechselstrommotoren bzw. Gleichstrommotoren bei Fahrzeugantrieben zusammen. Damit erhöhte sich die Leistung der Motoren bei gleichem Einbauraum um rund 60 %. Ein zusätzlicher Effekt dabei ist, dass durch die Umwandlung Einphasen-Wechselstrom/Gleichstrom/Dreiphasen-Wechselstrom die Motorspeisung nicht mehr rein sinusförmig verläuft, sondern deutlich gestuft. Dadurch werden Torsionsschwingungen im Antriebsstrang angeregt (siehe auch Abschn. 4.3).

Bis heute gibt es nach Kenntnis des Autors keine endgültige und überzeugende Erklärung und Deutung dieses Phänomens: So variieren beispielsweise die prognostizierten Temperaturen beim Überrollvorgang extrem, nämlich zwischen 100 und >700 °C [4, 5, 6]. Temperaturwerte über 300 °C werden allerdings nur mit unrealistisch hohen Schlupfwerten von über 10 % oder bei extremen Radsatz-Schwingungen erzielt (siehe Abschn. 5.3).

5.2.1 Einleitung

Das Problem der RKE hat (zumindest in Deutschland) zwei Aspekte:

- warum entsteht RKE überhaupt und
- warum ist sie bei der vorigen Generation der Elloks (BR 110, 140, 150) nicht aufgetreten, sondern erst bei der heutigen Generation (BR 101, 145, 185)?

Zu diesen Fragen werden die beiden Güterzugloks der Baureihen 140 und 185 verglichen, siehe auch Abschn. 4.3. Diese unterscheiden sich in ihrem Mechanteil nur gering, wie auch aus Tab. 2.1 zu entnehmen ist. Zunächst einmal soll aufgezeigt werden, welche mechanischen Belastungen am Schienenkopf bei einer Fahrt mit 60 km/h in einem 250 m-Bogen entstehen. Das Problem dabei ist die große Streubreite der Parameter *Kraftschluß* und *Schlupf*. Die einzig feste Größe ist die Radlast, welche bei beiden verglichenen Loks mit 105 kN angesetzt wird – ansonsten spielen die baulichen Unterschiede dieser beiden Loks eine untergeordnete Rolle. Mithilfe plausibler Annahmen wird versucht, die wesentlichen Einflußgrößen auf die Schienenbelastung darzustellen und zu quantifizieren.

5.2.2 Belastung am Schienenkopf

Es gibt eine ganze Reihe von Belastungen, die zu Spannungen in der Schiene führen. Am höchsten belastet ist der Schienenkopf, und die dabei größten Anteile, welche von beiden Loktypen in etwa gleicher Weise erbracht werden, sollen im folgenden untersucht werden.

Hertz'sche Pressung

Die Hertz'sche Pressung ist der weitaus größte quantifizierbare Anteil an der Gesamt-Belastung. Für sie ist auch die Stellung des Radsatzes im Gleis maßgeblich. Bei der Mittelstellung im Spurkanal (Abb. 5.10) ist sie zu $\sigma_{HZ} = -1422$ N/mm^2 ermittelt worden (Druckspannung ist negativ). Dieser relativ hohe Wert erklärt sich durch die Punktlast bei jeweils neuen Profilen (siehe auch Abb. 5.10). Verschiebt man das Rad hin zu kleinerem Abstand Spurkranz/Schienenflanke, so verringert sich infolge günstigerer Schmiegungsverhältnisse zunächst die Pressung bis auf rund 700 N/mm^2, danach jedoch steigt die Spannung stark an bis auf Werte deutlich über 2000 N/mm^2. Das liegt auch an der dann vorhandenen Querkraft auf das anlaufende Rad im Bogen.

Biegung der Schiene infolge Vertikal- und Querkraft

Die Radlast biegt die Schiene vertikal, wobei je nach Zustand des Gleisbettes (Schwelle, Schotter, Feste Fahrbahn) sich unterschiedliche Belastungen einstellen. Die Querkraft biegt den Schienensteg nach außen und erzeugt im Schienenkopf an der Innenkante der Außenschiene die höchste Druckspannung. Für beide Anteile (vertikal und quer) wurde für ein Schotterbett mit einer Querkraft von 30 kN eine Druckspannung von $\sigma_D = -576$ N/mm^2 ermittelt (Abb. 5.11). Hier ist der Anteil der Altlok BR140 wegen der geringeren Querkraft etwa 10 % kleiner, denn die Gleitplatten der Drehgestell-Lagerung verursachen keine Rückstellkraft bei Auslenkung des Laufwerks.

Eigenspannungen

Im Maschinenbau gibt es eine bewährte Methode, die Dauerfestigkeit von Bauteilen zu erhöhen: Die Oberfläche dieser Bauteile wird mit großer Anpresskraft von einer Kugel oder Walze überrollt, welche damit Druck-Eigenspannungen erzeugt. Diese werden in der Literatur [7] mit bis zu 1600 N/mm^2 angegeben. Die Messung dieser Spannung ist aber problematisch und gilt allgemein als relativ ungenau.

Das Überrollen der Schiene mit einem Fahrspiegel von <20 mm Breite bewirkt das gleiche, welches im Maschinenbau als Festrollen oder Glattwalzen bezeichnet wird. Dieser Umstand ist in den bisherigen Veröffentlichungen über RKE wenig berücksichtigt worden. Eines der wenigen Beispiele dafür ist der Forschungsbericht [8], aus dem Abb. 5.12 entnommen ist. Die dort in Schienen gemessenen Eigenspannungen liegen mit Werten bis etwa 100 N/mm^2 allerdings

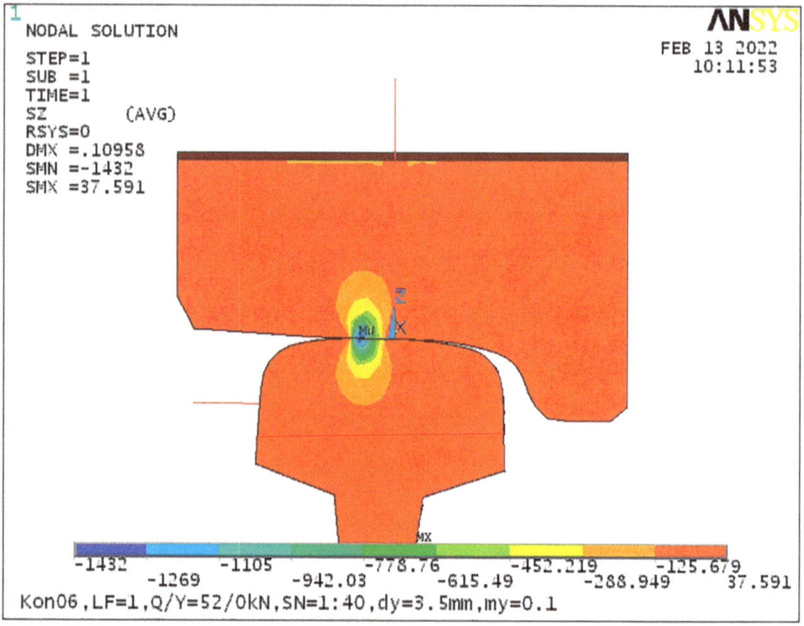

Abb. 5.10 Hertz'sche Pressung bei Mittenstellung des Radsatzes im Spurkanal

deutlich niedriger. Wichtig ist aber der Umstand, dass die jeweils außenliegenden Spannungen Druckspannungen sind. Zusätzlich zeigt Abb. 5.13 qualitativ, dass im Schienenkopf Druckeigenspannungen herrschen.

In der Literatur [9] gibt es Messwerte der Eigenspannungen in Umfangs- und Längsrichtung einer Radsatzwelle. Diese liegen bei -1000 N/mm^2 (Längsrichtung) und −400 N/mm^2 (Umfangsrichtung) und dringen 4–6 mm tief in die Oberfläche ein. Ein Nebeneffekt des Glattwalzens ist die spiegelblanke Oberfläche, welche ebenfalls Anrissbildung erschwert. Wie sensibel ein Bauteil auf diesen Effekt reagiert, kann man aus Abb. 5.14 ermessen: Selbst wenn die Eindringtiefe der aufgeprägten Druckspannung weniger als 1 mm beträgt und die maximale Zugspannung nur an der dünnen Oberflächenschicht spürbar verringert wird, erhöht sich dadurch die Dauerfestigkeit des Bauteils um rund 20 %.

Der anfangs zitierte hohe Wert der eingeprägten Druckspannung von $\sigma_D = 1600$ N/mm^2 wird beim Überrollvorgang der Schiene offensichtlich nicht erreicht, ist aber als Glattwalz-Effekt vorhanden. Somit ist festzustellen, dass

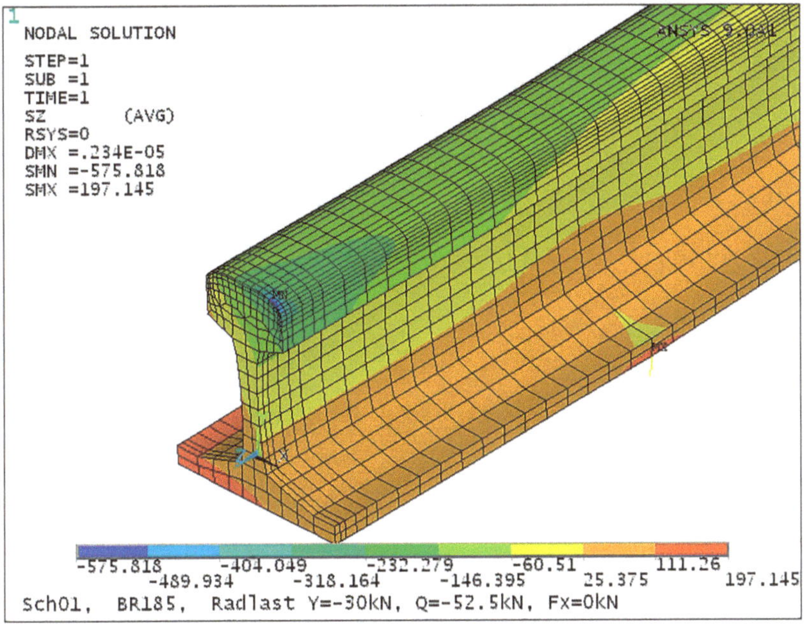

Abb. 5.11 Biegespannung am Schienenkopf infolge Radlast und Querkraft

Druckspannungen am Schienenkopf, besonders am Übergang zur Flanke, bei weitem die höchste Beanspruchung darstellen – und das mit einer großen Streubreite. Einen weiteren Hinweis auf die Vorteile des Festwalzens ist [10] zu entnehmen. Dort wird ebenfalls auf die erhöhte Dauerfestigkeit durch Glattwalzen hingewiesen mit der Ergänzung, dass die Verschleißfestigkeit allerdings nicht zunimmt.

Eine zusätzliche Möglichkeit der Steigerung der Dauerfestigkeit von Bauteilen ist das Härten. Bei den Eisenbahnen in Nordamerika und Japan werden die Achsschenkel der Radsätze induktiv erhitzt und danach gehärtet, d. h. aufgekohlt.

Schubspannungen

Wie bereits erwähnt, können Antriebs- oder Bremskräfte nur mit Schlupf übertragen werden. Die aus Hertz'scher Pressung und Antriebsmoment resultierende Schubspannung an der Schienenoberfläche beträgt mit guter Näherung $\tau_{xz} = \mu \cdot \sigma_{HZ}$. Diese Werte sind zwar deutlich kleiner als die vorab behandelten

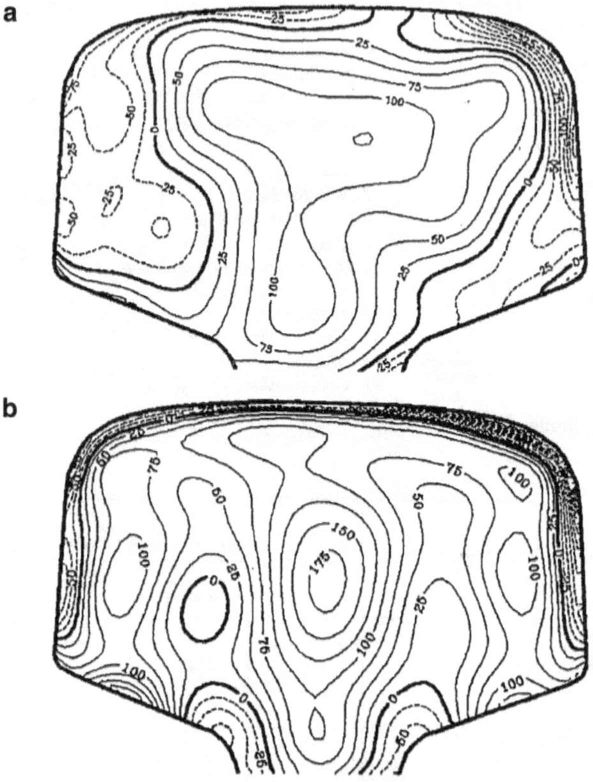

Fig. 13. Neutron beam measurements of residual stresses—vertical residual stress contours in (a) UIC 860 grade A naturally hard and (b) UIC 860 grade A head hardened rails following 32 MGT of traffic. Stresses in MPa, dashed lines are compression and full lines tension. (From Ref. [14].)

Abb. 5.12 Gemessene Eigenspannungen im Schienenquerschnitt

Druckspannungen, spielen aber in den nachfolgend behandelten Überlegungen zum Schadensmechanismus eine wichtige Rolle.

Schäden infolge Druckspannungen

Ein Ingenieur ist gewöhnt, die Bauteilfestigkeit gegen Lasten wie Zugkraft und/oder Biegemoment zu berechnen. Dabei sind die Belastungen vorwiegend

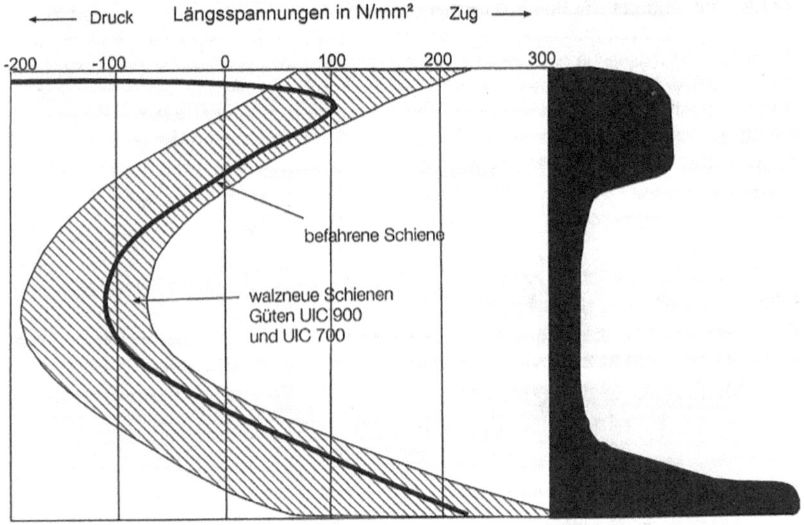

Bild 55: Eigenspannungen einer neuen und einer Schiene unter Betriebslast

Abb. 5.13 Zug- und Druckspannungen im Schienenquerschnitt. (Quelle [4 im Kap. 2])

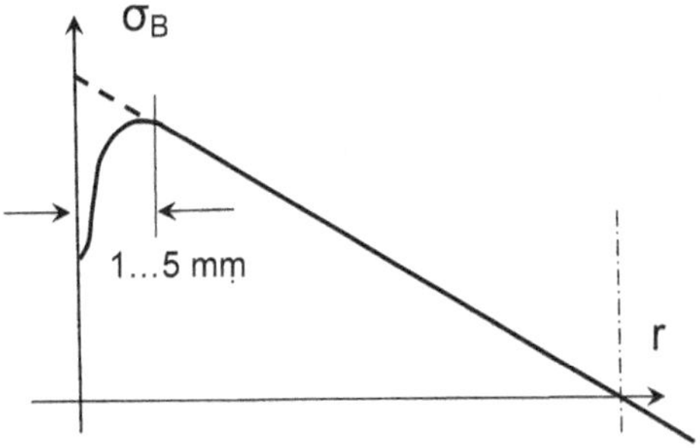

Abb. 5.14 Prinzipdarstellung des Einflusses einer Druck-Vorspannung auf die Biegespannung einer Welle

Zug- und Scherspannungen, die dann zu einer fiktiven Vergleichsspannung umgerechnet und mit der Zug- bzw. Dauerfestigkeit des jeweiligen Werkstoffs verglichen wird.

Bei der Schienenbelastung handelt es sich im Bereich der höchsten Beanspruchung aber nahezu ausschließlich um Druckspannungen, und man findet wenig Literatur über den zutreffenden Schädigungsmechanismus. Die in [11, 12, 13, 14, 15] zitierten Quellen beschreiben die Schädigung verschiedener Materialproben duktiler wie spröder Art (Abb. 5.15 und 5.16). Dort ist dokumentiert, dass ein Bauteil bei hoher Druckbelastung durch Schubspannung zerstört wird, welche im Winkel von 45° zur Druckspannungsebene zwangsläufig entsteht.

Abb. 5.17 zeigt den Schubspannungsverlauf im Kontakt Rad/Schiene bei reiner Druckbelastung. Man erkennt den symmetrischen Verlauf der Schubspannungen und die jeweiligen Maxima nahe der Oberfläche. Wird diesen Druckspannungen eine zusätzliche äußere Schubspannung überlagert (Antriebs- oder Bremskräfte), ändert sich der Schubspannungsverlauf im Kontaktbereich deutlich (Abb. 5.18). Man erkennt den s-förmigen Verlauf der Schubspannung, und diesem Verlauf folgend wird sich gegebenenfalls ein Anriß bilden. Ist ein

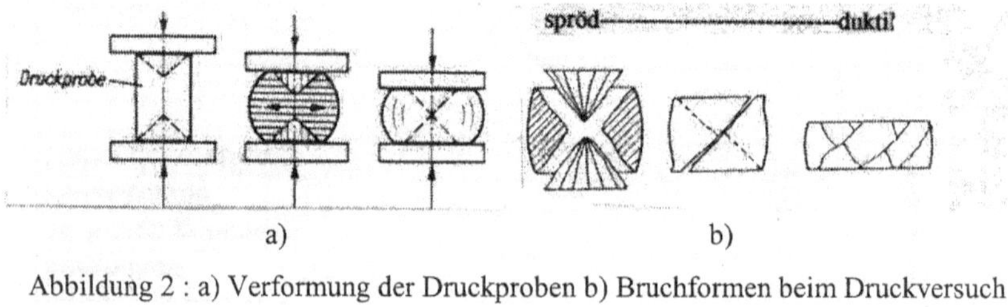

Abb. 5.15 Bruchformen beim Druckversuch. (Quelle [12 im Kap. 5])

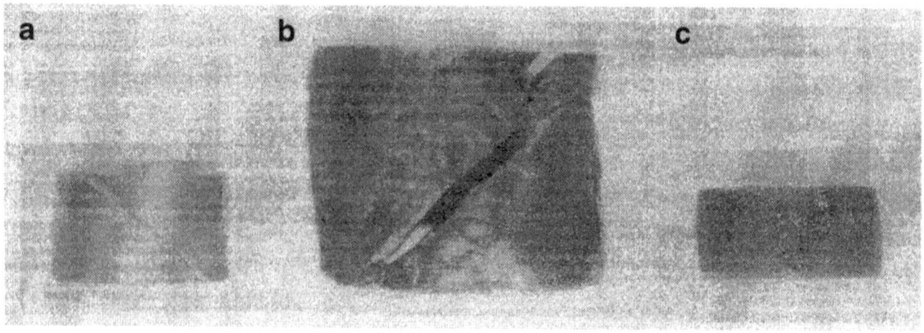

Abb. 5.16 Gebrochene Druckproben: **a** Aluminiumlegierung, **b** Kupfer-Zink-Legierung, c Stahl. (Quelle [13 im Kap. 5])

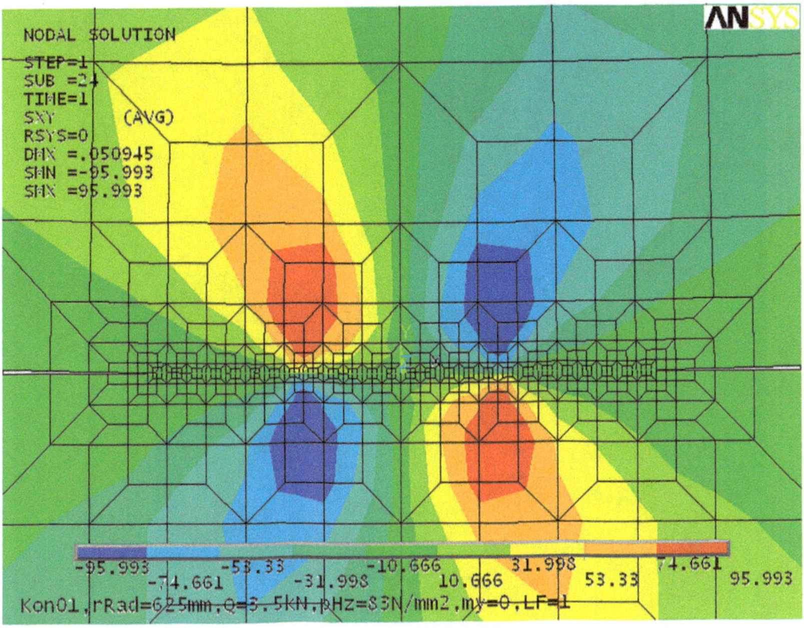

Abb. 5.17 Schubspannungen im Kontakt Rad/Schiene bei reiner Druckbelastung

kleiner Anriß erst einmal entstanden, verursacht er eine hohe Kerbwirkung und wächst dadurch rasch weiter schräg zur Oberfläche in den Schienenkopf hinein (Abb. 5.19, Phase I). Dieser Vorgang ähnelt einem Dauerbruch.

Bei Risswachstum Richtung Kopfmitte gerät der Riß in die Schubspannungszone der Schiene, welche in Abb. 5.20 wiedergegeben ist: Die Querkraft der Schiene (Radlast Q) verursacht diese Schubspannung, welche ihr Maximum höher als Schienenmitte hat. Zum Vergleich ist in dieser Darstellung noch der Schubspannungsverlauf eines Rechtecks gleicher Querschnittsfläche A und gleicher Höhe eingetragen sowie der mittlere Spannungswert (Q/A). Diese Schubspannung der Schiene ist deutlich größer als diejenige eines vergleichbaren Rechtecks und wird noch vergrößert durch die Schwächung des Querschnitts infolge anfänglicher Rissbildung und durch fortschreitenden betrieblichen Verschleiß des Schienenkopfes. Dieser Umstand bewirkt eine Richtungsänderung des Risses senkrecht nach unten (Phase II) und es kommt schließlich zum vertikalen Schienenbruch (Abb. 5.21) in der Art eines Gewaltbruchs.

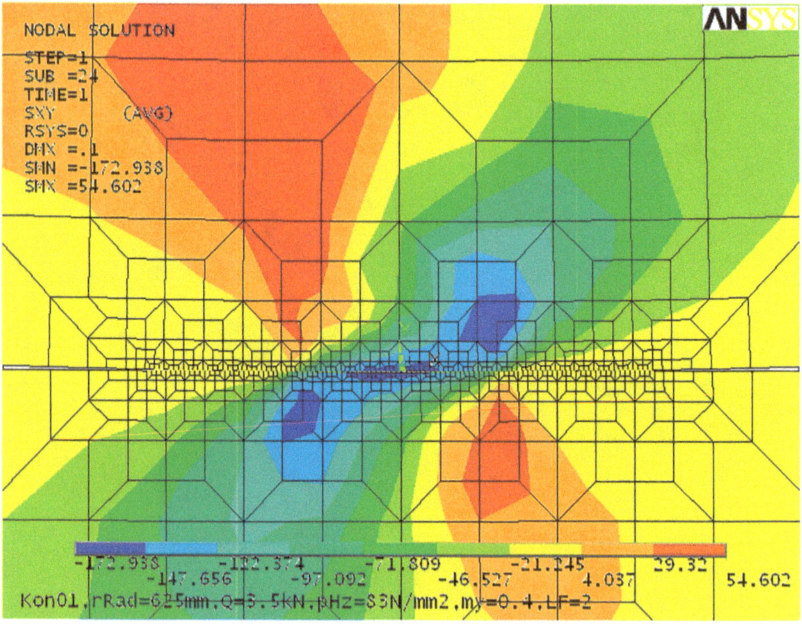

Abb. 5.18 Schubspannungsverlauf im Kontakt Rad/Schiene mit überlagerter Antriebskraft

Abb. 5.19 Rissbildung infolge Schubspannung durch Antriebsschlupf (Phase I), danach Anriß und Schienenbruch durch vertikale Querkraft der Radlast (Phase II)

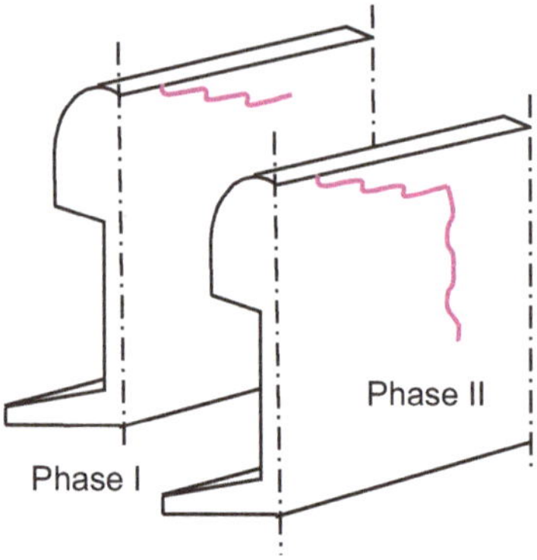

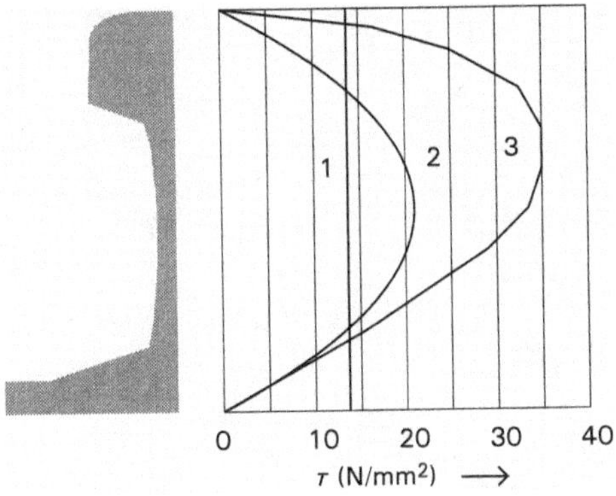

Abb. 5.20 Schubspannungsverlauf infolge Radlast über der Schienenhöhe: 1: Mittelwert 2: Vergleichbarer Rechteckquerschnitt 3: Schiene 60E1 (Q = 105 kN)

Unterschiede der Belastung je nach Loktyp

Die bisherigen Überlegungen gelten im wesentlichen für beide Loktypen. Die Frage ist aber: Warum verschleißen die Schienen durch den Betrieb mit den modernen Fahrzeugen deutlich schneller?

Wie aus Tab. 2.1 ersichtlich ist, unterscheiden sich beide Loktypen in der Leistung und somit auch in den jeweiligen Zugkräften. Damit verbunden sind auch unterschiedlicher Schlupf sowie Schlupfdauer zwischen Rad und Schiene.

Ein weiterer Unterschied ist der Achsantrieb. In Abb. 4.37 sind die jeweiligen Achsantriebe skizziert. Der Gummifederring-Antrieb der BR 140 ist sehr aufwendig, hat aber den Vorteil, dass er durch die Gummielemente die Torsions- und Biegeschwingungen der Radsatzwelle dämpft. Dagegen ist der Radsatz des Tatzlagerantriebs ein ungedämpfter Schwinger, weil die Materialdämpfung von Stahl nahezu Null ist.

Auch die Motorspeisung unterscheidet sich. Während die Einphasen-Wechselspannung der Oberleitung nahezu ideal sinusförmig verläuft, ist die an Bord erzeugte Dreiphasen-Spannung stark gestuft und regt den Asynchronmotor zu Torsionsschwingungen an, die er an den Radsatz weitergibt. Diese Torsionsschwingungen eines gleichen Antriebes in einem S-Bahn-Triebwagens sind in [12 im Kap. 4] dokumentiert. Sie überlagern den Schlupf und erhöhen den Energie-Eintrag in die Schiene beträchtlich.

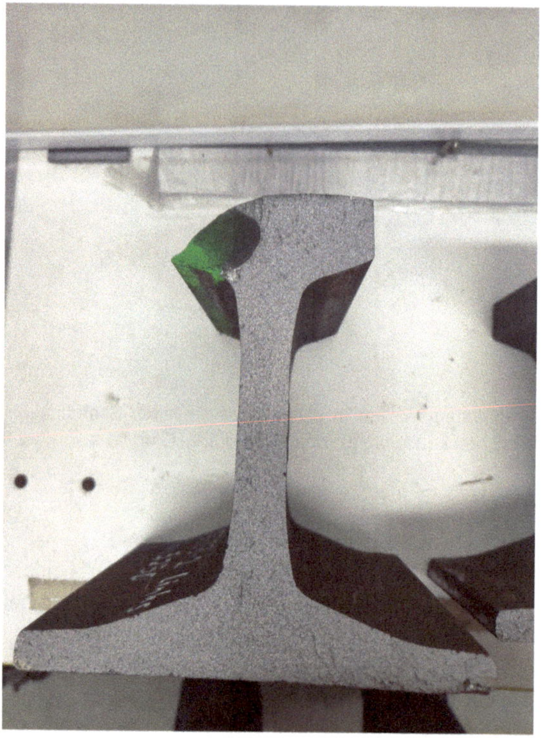

Abb. 5.21 Schienenbruch: grün eingefärbt die Ausgangsrisse (Phase I), danach vertikaler Gewaltbruch der verschlissenen Schiene (Phase II). Foto DB InfraGO

Thermospannungen durch Überrollung

Angetriebene bzw. gebremste Räder weisen Schlupf auf. In der Literatur gibt es wenig belastbare Angaben über diesen Schlupf. Eine Quelle [7 im Kap. 4] gibt Werte für USA-Loks von 3–7 % an. Die hohen Werte gelten aber nur für den Anfahrbereich.

Dieser Schlupf erzeugt mechanische Energie und wird im Kontaktbereich in Wärme umgesetzt. Es gibt, wie anfangs erwähnt, eine Vielzahl von Literatur über die entsprechende Temperaturerhöhung, allerdings alles Rechenergebnisse, keine Messungen. Bei Temperaturen >600 °C müssten zumindest Anlauffarben an der Schiene zu sehen sein, die es aber nicht gibt.

Wie in Abschn. 4.3 beschrieben, gibt es unter den dort angenommenen Randbedingungen Temperaturerhöhungen von <150 °C für beide Loktypen. Diese

Ergebnisse erhält man auch bei Anwendung der Blok'schen Formel [16 im Kap. 4], die für hohe Hertz'sche Pressungen Stahl auf Stahl entwickelt worden ist.

Gesamte Belastung

Am Schienenkopf herrscht beim Überrollen ein komplizierter dreidimensionaler Spannungszustand, teils statischer, aber überwiegend dynamischer Art. Diese Spannungen sind vor allem Druckspannungen, es werden aber auch infolge Schlupf Scherspannungen an der Oberfläche erzeugt. Die zusätzliche Belastung infolge Thermospannung ist aufgrund der relativ niedrigen Temperaturen ebenfalls gering und beträgt 34 bzw. 4 N/mm^2 für die jeweilige Lok. Diese Werte begründen aber nicht den Umstand des derartig unterschiedlichen Verschleißes beider Loktypen. Offensichtlich sind die höheren mechanischen Belastungen durch die Umrichter-Antriebe maßgeblich dafür.

Radsatzschwingungen verursachen eine oszillierende Beanspruchung des Rad/Schiene-Kontakts, und es ist naheliegend, dass dieser Lastfall die Schienenoberfläche quasi zerrüttet. Dieser Effekt ist in den vorliegenden Untersuchungen nicht berücksichtigt. Bemerkenswert in diesem Zusammenhang ist auch der Umstand, dass auf der Neubaustrecke Frankfurt-Köln mit reinem ICE-Verkehr Rollkontaktermüdung auftritt, obwohl die Antriebsleistung der ICEs pro Radsatz lediglich 500 kW beträgt bei einer Achslast von 170 kN.

Schlußfolgerungen

Offensichtlich ist mit der jetzigen Antriebstechnik ein Maß der Schienenbeanspruchung erreicht, welches nicht überschritten werden kann, denn das frühzeitige Fräsen bzw. Schleifen der Schienen kann nicht die Dauerlösung sein. Daher muß der Energieeintrag in die Schiene verringert werden, und dazu gibt es vor allem zwei Ansätze: Erstens sollte die Motorspeisung verbessert werden, d. h. die Stufung der Spannung ist zu verringern (→glätten), und zweitens sollten die Schwingungen des Radsatzes gedämpft werden. Die wirksamste Methode dazu sind Einzelräder, was aber konstruktiv sehr aufwendig ist. Eine andere Möglichkeit wäre beispielsweise die Dämpfung mit einer Stange in der hohlgebohrten Radsatzwelle, welche nicht tordiert wird und durch Reibung dämpfend wirkt.

5.3 Radsatzschwingungen

5.3.1 Anregungen

Die Radsätze eines Eisenbahnfahrzeuges werden im Betrieb ständig zu Schwingungen unterschiedlicher Art und Frequenz angeregt. Diese Schwingungen überlagern sich dem Antriebsschlupf und mindern die nutzbare Adhäsion des Radsatzes. Sie sind daher möglichst zu vermeiden. Die Ursachen für die Schwingungen sind zweierlei:

- Anregung antriebsseitig und
- Anregung vom Gleis her.

Anregungen antriebsseitig können Motoren selbst verursachen. So werden die derzeit üblichen Drehstrommotoren über Stromrichter gespeist, welche eine sinähnliche Spannung mit vielen Oberwellen und damit ein entsprechend vibrierendes Torsionsmoment erzeugen (siehe auch Abschn. 4.3). Eine andere Ursache können Teilungsfehler im Radsatzgetriebe sein.

Anregungen vom Gleis her gibt es permanent, weil der Radsatz sich frei im Spurkanal bewegt und somit auf unterschiedlichen Rollradien abläuft. Dadurch verspannt sich die Radsatzwelle ständig, und dies ist ein hochdynamischer Vorgang.

Eine andere Art der Anregung kann ein unrundes Rad sein, sei es exzentrisch oder wellenförmig zentrisch (siehe Abb. 5.22). Simulationsrechnungen [16] zeigen, dass bei extremen, aber noch realistischen Radunrundheiten auf sehr harten Gleisen ein kurzzeitiges Abheben des Rades mit maximalen dynamischen Radlasten von 240 kN auftritt, also dem 3,6 fachen der statischen Last von 67 kN.

Gelegentlich kann man beobachten, dass ein Fahrzeug auf trockenem Gleis, also mit hohem Haftwert, instabil läuft, aber mit einsetzendem Regen sich schlagartig stabilisiert. Das ist mit dem geringeren Haftwert und der damit geringeren Störanregung zu erklären.

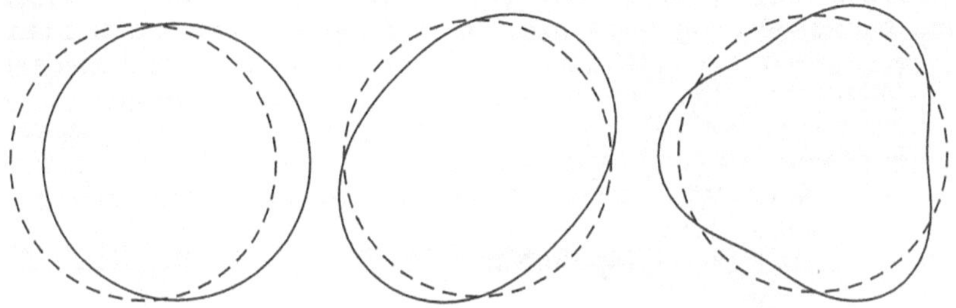

Abb. 5.22 Unrundheit eines Rades

Schwingungen
Bei Radsatz-Schwingungen unterscheidet man

- Torsionsschwingungen und
- Biegeschwingungen.

Die meisten Radsätze bestehen aus zwei Radscheiben und der Welle, und damit gibt es eine dominante Torsionskritische, welche zwischen etwa 70 und 90 Hz liegt, je nach Bauart, siehe auch Tab. 5.1. Besitzt der Radsatz Bremsscheiben auf der Welle, liegen die zusätzlich vorhandenen Torsionskritischen bei etwa 300 Hz und höher und spielen damit eine untergeordnete Rolle.

Anders sieht es bei Biegeschwingungen aus (siehe Abb. 5.23). Hierbei sind je nach Bauart des Radsatzes 4 bis 6 kritische Frequenzen lauftechnisch zu berücksichtigen. Beide Arten von Schwingungen mindern, wie anfangs erwähnt, die nutzbare Adhäsion und erhöhen zusätzlich die in die Schiene eingetragene Verlustleistung und damit den Verschleiß.

Nicht nur der Radsatz ist Schwingungen ausgesetzt, sondern auch die Radscheiben selbst (Abb. 5.24 entnommen aus [18]). Diese wirken wie ein Trommelfell mit Durchmessern bis 1250 mm und strahlen intensive Schallwellen aus. Die Schwingungen liegen im Frequenzbereich zwischen 500 und 4000 Hz und sind sehr unangenehm für das menschliche Gehör. Es gab immer wieder Versuche,

Tab. 5.1 Eigenfrequenzen des freien Radsatzes BA-14 bis 400Hz. (Quelle [17])

Eigenfrequenz	Eigenform
85 Hz	1. antimetrische Torsionseigenform
86 Hz	1. symmetrische Biegeeigenform (vertikal) 1. symmetrische Biegeeigenform (horizontal)
134 Hz	1. antimetrische Biegeeigenform (vertikal) 1. antimetrische Biegeeigenform (horizontal)
199 Hz	2. symmetrische Biegeeigenform (vertikal) 2. symmetrische Biegeeigenform (horizontal)
219 Hz	1. symmetrische Schirmschwingung
272 Hz	1. antimetrische Schirmschwingung
275 Hz	1. symmetrische Torsionsschwingung
377 Hz	2. antimetrische Biegeeigenform (vertikal) 2. antimetrische Biegeeigenform (horizontal)

3.2 Modalanalyse des Radsatzes 45

annähernd wie starre Körper verhalten.

Die *1. symmetrische Biegeschwingung*, vgl. Bild 3.6, des Radsatzes ergibt sich bei 86 Hz. Rad- und Bremsscheiben verhalten sich dabei nahezu wie starre Körper. Die Hauptdeformation wird von der Radsatzwelle sowie der Radscheibe aufgebracht, während insbesondere der Radreifen nicht verformt wird. Da sich die vertikalen und horizontalen doppelten Biegeeigenformen abgesehen von ihrer Verformungsrichtung nicht unterscheiden, werden im folgenden nur die vertikalen Biegeeigenformen dargestellt.

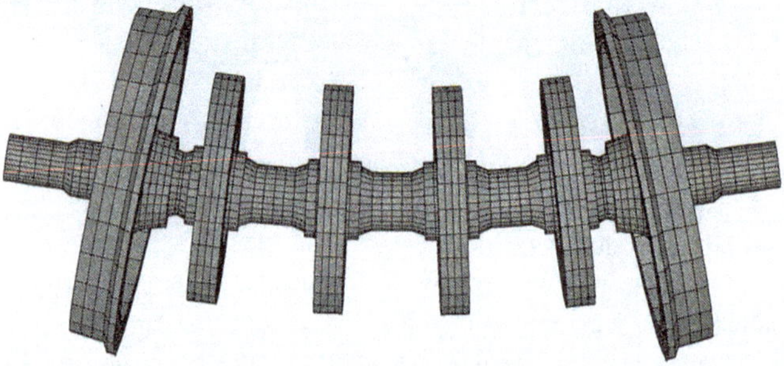

Bild 3.6: Erste symmetrische Biegeschwingung (86 Hz) des Radsatzes BA-14

Schon bei der in Bild 3.7 dargestellten *1. Antimetrischen Biegeschwingung* bei einer Frequenz von 134 Hz kommt es zu einer deutlichen Deformation der Radscheiben, wogegen die Bremsscheiben und Radreifen keine Verformung zeigen. Bei dieser antimetrischen Eigenform schwingen Bremsscheiben und Räder jeweils in entgegengesetzter Richtung.

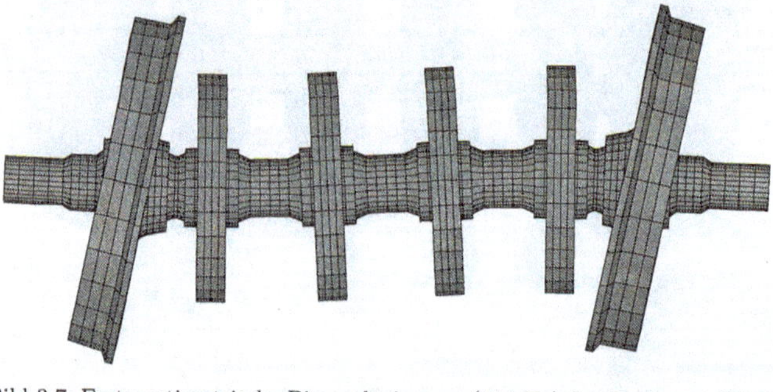

Bild 3.7: Erste antimetrische Biegeschwingung (134 Hz) des Radsatzes BA-14

Bei der nächsthöheren Eigenform des Radsatzes, der *2. Symmetrischen Biegeschwingung*, siehe Bild 3.8, verstärkt sich die Deformation der Radscheibe weiter. Bei dieser Eigenform

Abb. 5.23 Eigenfrequenzen eines Radsatzes (hier mit zusätzlichen Bremsscheiben). (Quelle [18 im Kap. 5])

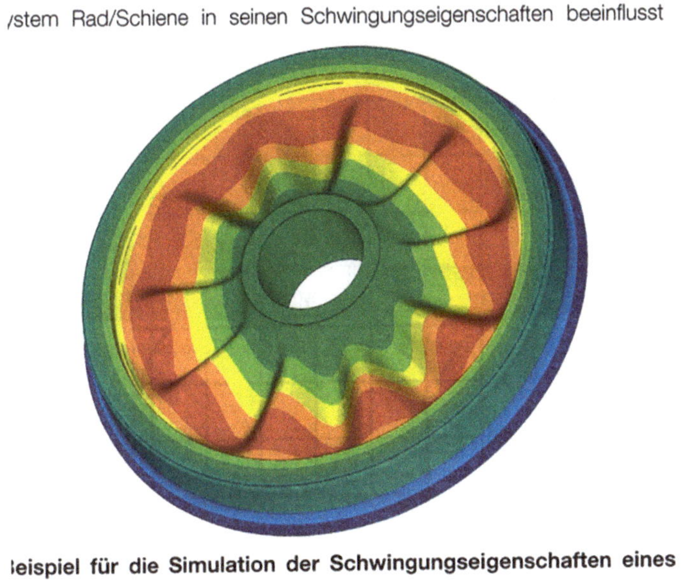

Abb. 5.24 Berechnete Eigenschwingung einer Radscheibe. (Quelle [19 im Kap. 5])

mittels Schallabsorbern in Form von Stahllamellen diese Schwingungen zu unterdrücken, haben sich aber nicht durchsetzen können.

Temperaturen

Radsatzschwingungen führen des weiteren zu einer erhöhten Belastung des Rad/Schiene-Kontakts, weil sie die Länge des Schlupfweges vergrößern. Damit erhöht sich zwangsläufig die Temperatur im Rad/Schiene-Kontakt, welche nachfolgend betrachtet werden soll.

Die statische Verdrehung einer Radsatzwelle, z. B. der BR 185 der DB (siehe Abb. 4.36) beträgt bei einem Kraftschlussbeiwert von $\mu = 0{,}3$ rund 0,2°. Die in [10 im Kap. 4] beschriebenen Torsionsschwingungen vergrößern den Torsionswinkel „um ein Vielfaches" (der genaue Wert wird nicht angegeben). Dies kann sogar zu einer bleibenden Verdrehung des Rades gegenüber der Radsatzwelle führen. Nimmt man vorsichtigerweise einen Faktor 2 für die Verdrehung an, oszilliert jedes Rad des Radsatzes mit $\delta = 2 \cdot 0{,}2 \cdot 0{,}5 = 0{,}2°$. Bei einer Torsions-Eigenfrequenz des Radsatzes von $f = 70$ Hz beträgt die Winkelgeschwindigkeit $\omega = 2 \cdot \pi \cdot f = 440$ 1/s. Die maximale Verdrehung am Rad ist dann $x_{max} = \delta \cdot r_{Rad} = 2{,}18$ mm, Die Schwingungsgleichung dazu lautet

$$x = x_{ma} \cdot \sin \omega t$$

$$v_S = dx/dt = x_{ma} \cdot \omega \cdot \cos \omega t = 0{,}96 \cdot \cos \omega t \text{ m/s}$$

Die eingetragene Wärmemenge/Zeit in die Schiene ist

$$Q(\text{punkt}) = \mu \cdot p \cdot (v_G + v_S) = \mu \cdot p \cdot (v_G + 0{,}96 \cdot \cos 440 \cdot t)$$

Dabei ist $v_{G=}v \cdot s$ die konstante Gleitgeschwindigkeit infolge Schlupfes und p die mittlere Flächenpressung im Hertz'schen Kontakt. Sie wird zu 800 N/mm^2 angenommen entsprechend einem Maximalwert von rund 1000 N/mm^2. Der Kraftschlussbeiwert wird wie gehabt zu $\mu = 0{,}3$ eingesetzt, sodaß nun gilt

$$Q(\text{punkt}) = 240 \cdot (v_G + v_S \cdot \cos \omega t)$$

Abb. 5.25 zeigt im oberen Teil den Verlauf einer Schwingungsamplitude für $t_0 = 0{,}143$ s. Kurve 1 ist reines Gleiten infolge Schlupf, Kurve 2 gilt für $\delta = 0{,}2°$

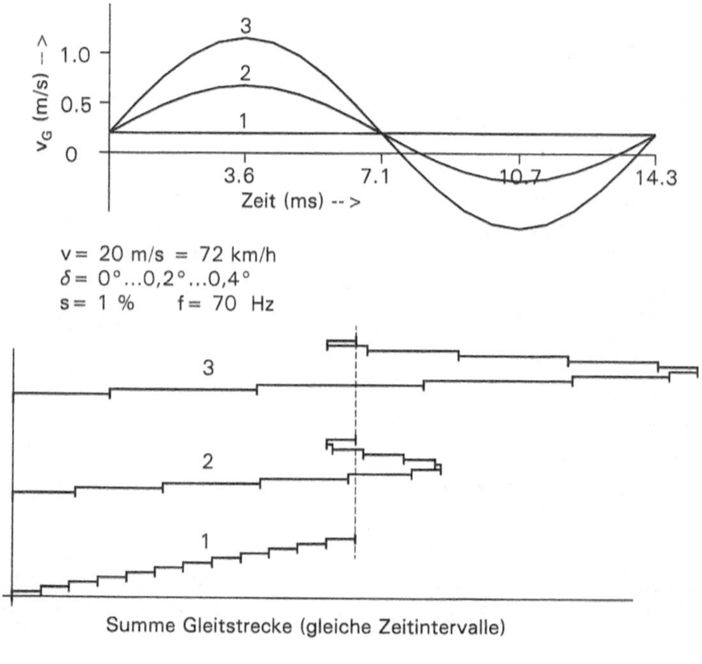

Abb. 5.25 Schwingung und Gleitstrecke der Lauffläche eines Radsatzes während einer Schwingungsperiode

und Kurve 3 für $\delta=0{,}4°$. Der sin-Verlauf im Bild bedeutet lediglich eine zeitliche Verschiebung gegenüber dem cos und ist anschaulicher, ändert aber nichts an dem qualitativen und quantitativen Verlauf der Schwingung.

Das Bild darunter stellt die Kontaktwege dieser drei Verläufe dar. Der Gesamtweg für eine Schwingungsamplitude ist in 12 Einzelstrecken unterteilt. Man erkennt, dass für den Fall v_G<vS (Kurven 2 und 3) die Kontaktwege deutlich größer werden als bei reinem Gleiten (s = 2 %). Die Folgen für die Kontakttemperaturen sind in den folgenden Bildern dargestellt. Abb. 5.26 zeigt die Temperaturen bei reinem Gleiten (siehe auch Abschn. 4.3), während Abb. 5.27 den Fall für δ = ß,4° darstellt: Die Temperatur erhöht sich infolge der Torsionsschwingung um das 3,6 fache. Den Einfluß des Winkels δ der Schwingungsamplitude auf die Schienentemperatur ist in Abb. 5.28 dargestellt. Von $\delta=0°$ (reines Gleiten mit 2 % Schlupf) bis $\delta=0{,}4°$ ergibt sich eine Temperaturerhöhung von 180 bis auf 470 °C. Das ist ein weiterer Hinweis darauf, wie wichtig es bei den heutigen Hochleistungsantrieben ist, Radsatzschwingungen, vor allem Torsion, zu vermeiden.

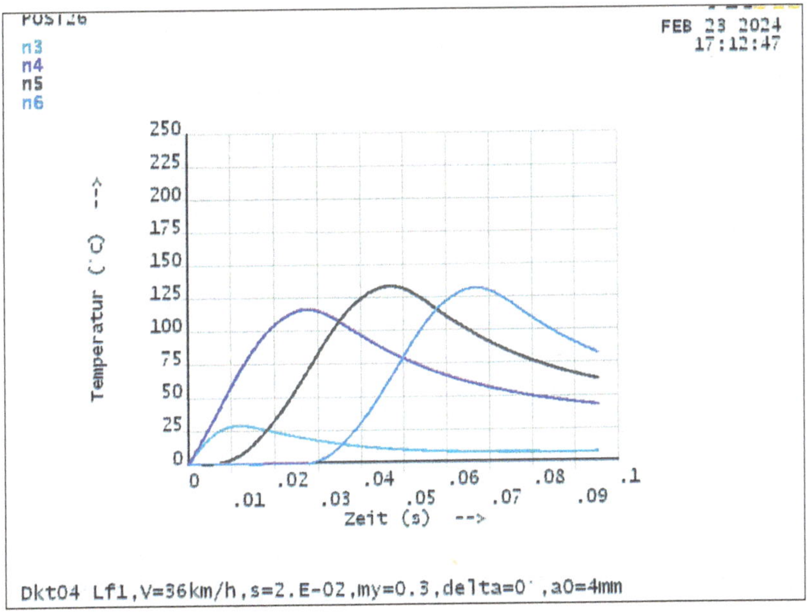

Abb. 5.26 Temperaturverlauf an der Schienenoberfläche bei reinem Gleiten mit 2 % Schlupf

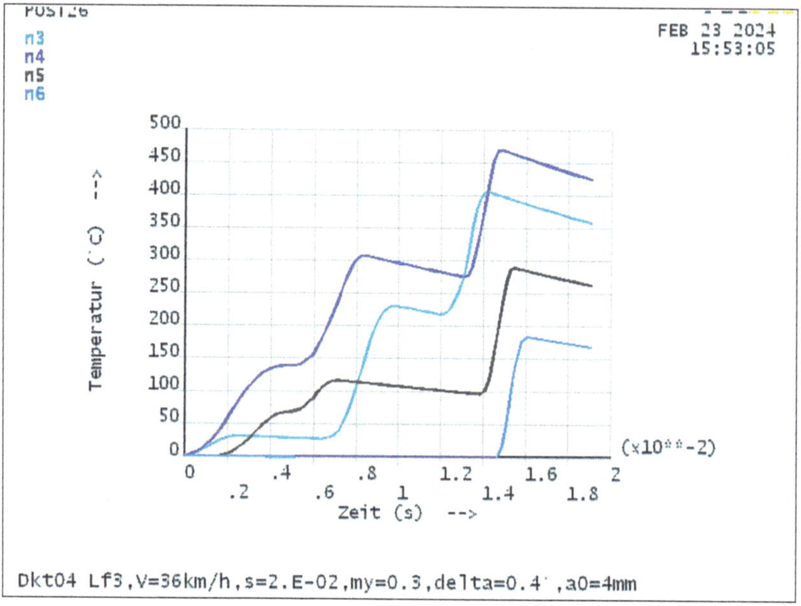

Abb. 5.27 Temperaturverlauf an der Schienenoberfläche mit 2 % Schlupf und überlagerter Schwingung bei 0,4° Schwingungsamplitude

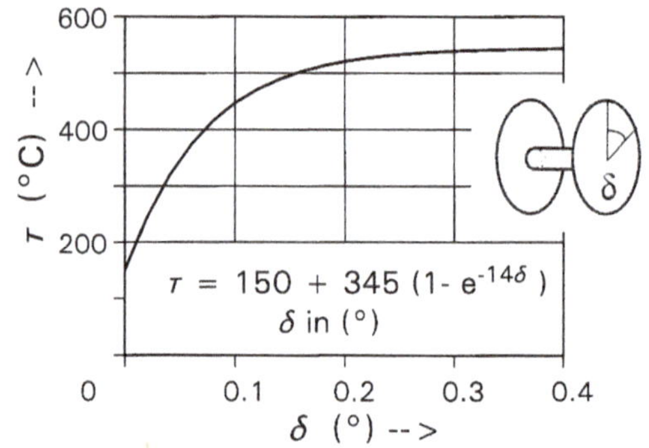

Abb. 5.28 Maximaltemperatur an der Schienenoberfläche als Funktion der Schwingungsamplitude δ

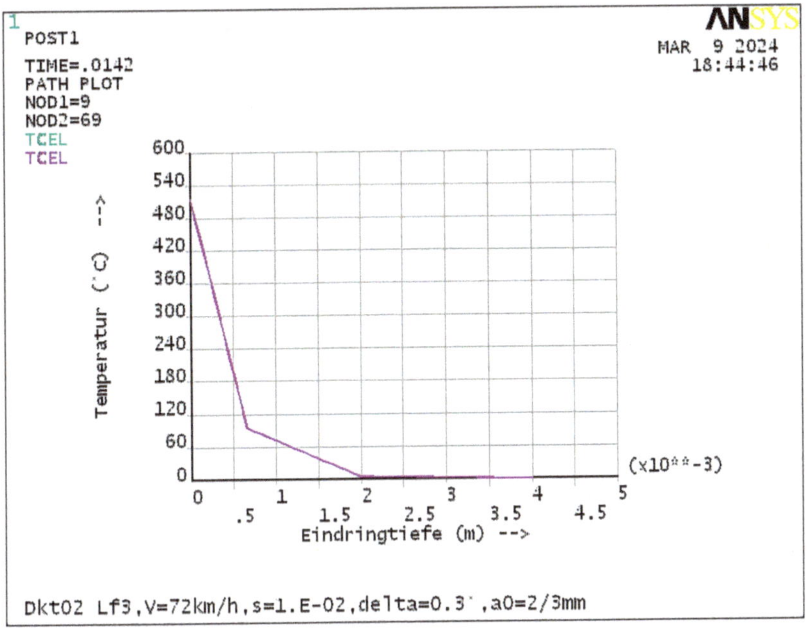

Abb. 5.29 Eindringtiefe der Temperaturerhöhung in den Schienenkopf

Abb. 5.29 zeigt die Eindringtiefe der Temperaturerhöhung, welche für den steilen Anstieg nur etwa 1 mm beträgt. Diese Temperaturen, welche im Millisekundenbereich auftreten, haben einen großen Einfluß auf den Schädigungsvorgang der Schiene, zumal die hier betrachtete 1. Torsionskritische des Radsatzes nicht die einzige Schwingungsform ist. Das ist in Abb. 5.23 anschaulich dargestellt und in Tab. 5.1 aufgelistet.

5.4 Laufverhalten Tatzlagerantrieb

5.4.1 Grundgedanken

Der Tatzlagermotor ist der klassische Antrieb für Schienenfahrzeuge seit Beginn der elektrischen Traktion. Er ist einfach, kostengünstig, zuverlässig und beansprucht von allen Antriebsarten den geringsten Einbauraum. Demgegenüber steht jedoch der Nachteil der unabgefederten Massen: vertikal etwa die halbe, quer die ganze Motor- und Getriebemasse. Dies schränkt die zulässige Höchstgeschwindigkeit auf etwa 140 km/h ein.

Eine frühere Untersuchung von Jöckel e.a. [19] lässt das vertikale Laufverhalten des Tatzlagerantriebes bis 200 km/h als unkritisch erwarten. Daher liegt es nahe, das Querverhalten dieses Antriebs zu betrachten, was mit einer Entkoppelung von Radsatz- und Motormasse verbessert werden kann. Dies erscheint schon deshalb aussichtsreich, weil bei den heutigen Vollbahnlokomotiven der Motor etwa die 1,5 bis 2fache Masse des Radsatzes aufweist.

Eine Querentkoppelung des Motors, wenn auch mit etwas anderer Zielsetzung, ist bereits früher von Mielcarek und Meinecke [20] untersucht worden. Dort ging es allerdings um Grenzen der Laufstabilität bei voll abgefederten Motoren.

5.4.2 Rechenmodell

Allgemeines

Es wird eine Lokomotive untersucht ähnlich der Baureihe 185 der DB (siehe Tab. 5.2). Dabei wird nur der halbe Lokkasten mit dem entsprechenden Laufwerk berücksichtigt. Unterstellt wird eine Bogenfahrt mit Beschleunigungsüberschuß, d. h. die bogenäußeren Spurkränze beider Radsätze laufen an. Die Federn werden

Tab. 5.2 Wesentliche Daten des untersuchten Fahrzeuges

Gesamtmasse	84,0 t
Masse Radsatz	2,5 t
Masse Stator	2,3 t
Masse Rotor	1,2 t
Masse Brücke	54,0 t
Achsabstand Drehgestell	2600 mm
Raddurchmesser	1250 mm
Dämpfung (alle Federn)	50 kN*s/m
Querfederraten:	
Radsatz	3,2e7 N/m
Primärfeder	2,0e6 N/m
Sekundärfeder	1,0e6 N/m

alle als linear-elastisch angenommen. Die Querfedersteifen und Dämpfungen sind ebenfalls aus Tab. 5.2 zu entnehmen.

Das mechanische Ersatzmodell ist in Abb. 5.30 wiedergegeben. Dabei stellen die Knoten 1 und 9 die Kontaktstelle Rad/Schiene im Bogen dar, die Knoten 2 und 8 die Radsatzmasse mit/ohne Fahrmotor, die Knoten 3, 5 und 7 die Laufwerkrahmen-Masse, die Knoten 4 und 6 ggf. die Motormasse und Knoten 10 die halbe Brückenmasse.

Untersucht werden drei verschiedene Varianten entsprechend Abb. 5.31.

Quersteifigkeiten

Soweit bekannt, wurden die Steifigkeiten möglichst ähnlich der Reihe 185 angesetzt. Von besonderem Interesse ist die Quersteifigkeit im Rad/Schiene-Kontakt. Sie setzt sich zusammen aus drei Anteilen:

- Schiene mit elastischer Lagerung
- Radsatzwelle und
- Radscheibe

Die Quersteifigkeit der Schiene 60 E1 im Gleis wird von Pascal und Sauvage [21] angegeben mit $k_{yS} = 1e8$ N/m. Dies ist sicherlich kein genauer Wert angesichts

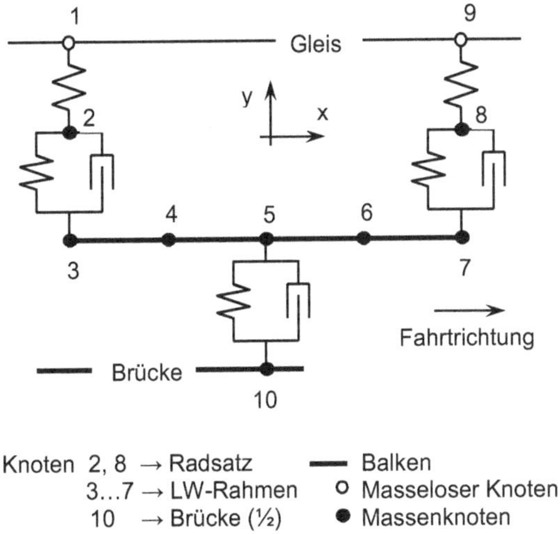

Abb. 5.30 Mechanisches Ersatzmodell der Querfederung eines Tatzlagerantriebs

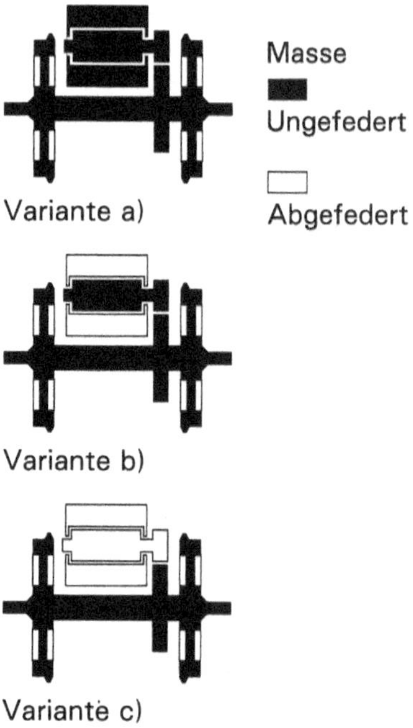

Abb. 5.31 Varianten der quer gekoppelten Massen **a** Standard-Bauweise mit fester Koppelung Radsatz/Motor, **b** Entkoppelung Radsatz/Stator. Stator fest im Laufwerk gelagert, Rotor an Radsatz gekoppelt, **c** Entkoppelung Radsatz/Motor. Motor fest im Laufwerk gelagert

der denkbaren Streubreite u. a. der Schienenbefestigung, wird aber der weiteren Rechnung zugrunde gelegt.

Der Einfluß der Welle auf die Quersteifigkeit des Radsatzes ergibt sich aus [22] zu

$$k_{yW} = 3 \cdot E \cdot I_W / \left(l\, r_{Rad^2}\right) = 1{,}24e8\ \mathrm{N/m}$$

mit einem Wellendurchmesser von 230 mm und einer wirksamen Länge von 1700 mm.

Die Steifigkeit der Radscheibe kann näherungsweise nach Stammberger [23] berechnet werden. Dabei wird die Scheibe, die mechanisch gesehen eine runde Lochplatte ist, als eben und von gleicher Stärke betrachtet:

$$k_{YR} = 4 \cdot \pi \cdot K / \left(\left(1 - ß^2\right) / \left(1 + ß^2\right) + \mathrm{Ln}ß\right)$$

$$\text{mit } ß = r_i / r_a \rightarrow \text{Radienverhältnis}$$

$$K = E \cdot h^3 / \left(12\left(1 - \nu^2\right)\right) \rightarrow \text{Plattensteifigkeit}$$

$$k_{yR} = 7{,}7 \cdot 10^7\ \mathrm{N/m} \text{ mit } h = \ldots$$

$$K_{YGes} = 3{,}2 \cdot 10^7\,\mathrm{N/m}$$

Die Gesamtsteifigkeit ergibt sich damit zu

$$1/k_{yGes} = 1/k_{yS} + 1/k_{yW} + 1/k_{yR}$$
$$k_{yGes} = 3{,}2e7\,N/m$$

Die Materialdämpfung von Stahl ist sehr klein und wird für den Rad/Schiene-Kontakt zu Null gesetzt. Die Dämpfungen aller anderen Federsysteme werden zu 5e4 N*s/m festgelegt. Die Steifigkeiten der Querfedern sind, wie bereits erwähnt, in Tab. 5.2 aufgeführt. Genauere Werte sind nicht unbedingt erforderlich, da nachfolgend nicht Absolutwerte des Bogenlaufs beurteilt werden, sondern der Vergleich der unterschiedlichen Varianten dargestellt wird. Dabei neutralisieren sich Vereinfachungen und eventuelle Ungenauigkeiten, sofern sie nicht um Größenordnungen daneben liegen.

Eigenfrequenzen der Ersatzstruktur

Mithilfe der Modalen Analyse wurden die Eigenfrequenzen (EF) der drei Varianten ermittelt. Die ersten 6 EF sind in Tab. 5.3 aufgelistet und sind wichtig für die Interpretation des Schwingungsverhaltens:

Die 1.EF ist die Bewegung der Brücke gegen das Laufwerk (LW) und ist bei allen drei Varianten praktisch gleich. Bei der 2.EF (parallele Schwingung des LW-Rahmens) gibt es deutliche Unterschiede entsprechend den Koppelmassen (Motor am LW-Rahmen oder am Radsatz). Die 3.EF ist die Rotation des LW-Rahmens um die Mitte (Knoten 5), daher der geringere Einfluß der Motormassen. Die 4. und 5.EF sind die gleich- und gegenläufige Schwingung der Radsätze gegen LW-Rahmen und Gleis, und schließlich ist die 6.EF die 1. Biegekritische des LW-Rahmens. Dann kommen weitere Biegekritische des Rahmens, die aber für die folgende Untersuchung ohne Belang sind.

Tab. 5.3 Eigenfrequenzen (EF) in Hz des Fahrzeugs

EF	Var a	Var b	Var c	Hauptschwinger
1	0,859	0,855	0,853	Brücke
2	6,30	4,01	3,51	LW-Rahmen (Translation)
3	6,83	5,49	5,04	LW-Rahmen (Rotation)
4	12,6	15,9	19,4	Radsätze gleichläufig
5	12,7	16,0	19,4	Radsätze gegenläufig
6	143	124	121	1. Biegekritische LW-Rahmen

Lastannahme
Als Lastannahme dient ein Gleislagefehler, welcher mit den Geschwindigkeiten 100, 150 und 200 km/h durchfahren wird. Abb. 5.32 zeigt den willkürlich angenommenen Verlauf des Gleises im Bogen, allerdings aus Darstellungsgründen gestreckt als Gerade. Die maximale Abweichung gegenüber dem idealen Verlauf soll ± 1 mm betragen. Insgesamt sind 53 Stützpunkte vorhanden mit einem Abstand von je 6 m. Die Gesamtlänge des Bogens ist somit 312 m. Abb. 5.32 zeigt die Durchfahrt beider Radsätze (Knoten 1 und 9) durch diesen Gleisbogen mit 200 km/h über der Zeit aufgetragen. Man erkennt die zeitlich versetzte, aber kongruente Spur beider Radsätze.

Die Fliehkraft wurde bei der Berechnung der Gesamtfahrzeuges nicht berücksichtigt, da sie bei linear-elastischer Rechnung lediglich eine konstante Nullpunktverschiebung bewirkt.

5.4.3 Ergebnisse

Die Abb. 5.33, 5.34 und 5.35 enthalten die Rechenergebnisse der Variante a. Es sind Verschiebungen (mm) bzw. Kräfte (kN) über der Zeit bei einer Geschwindigkeit von 200 km/h.

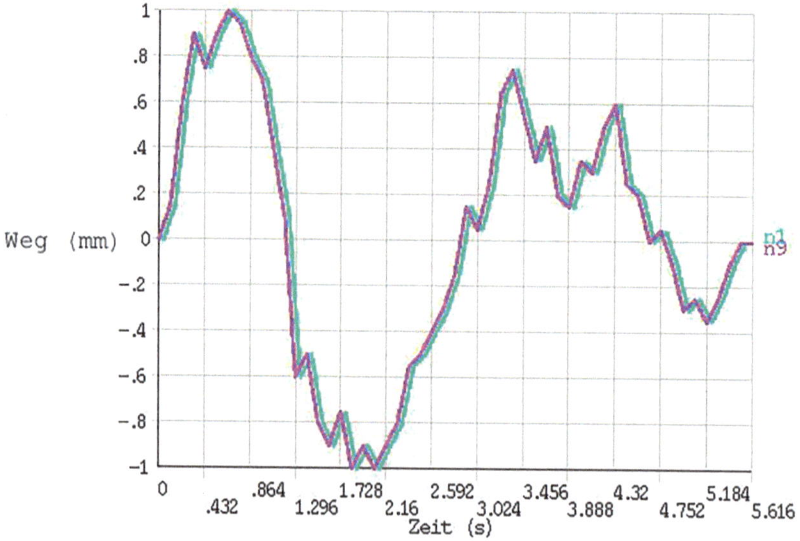

Abb. 5.32 Der Berechnung zugrunde liegender Gleislagefehler

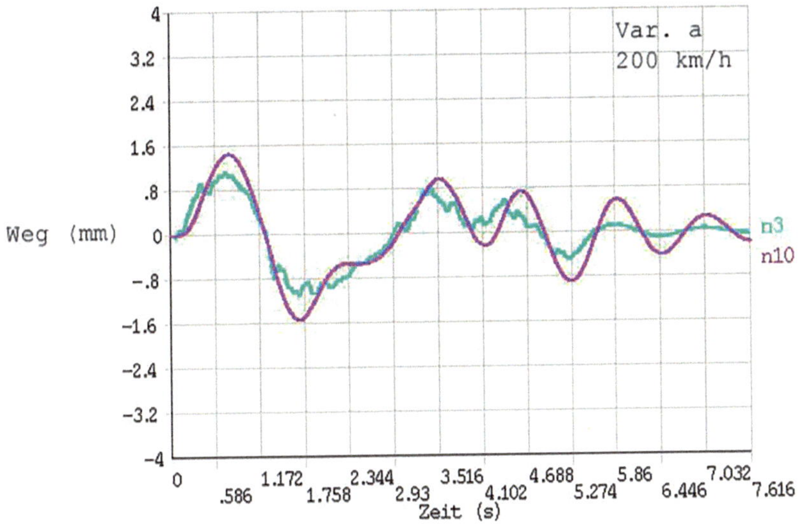

Abb. 5.33 Verschiebungen der Knoten 3 und 10 für Variante a bei 200 km/h

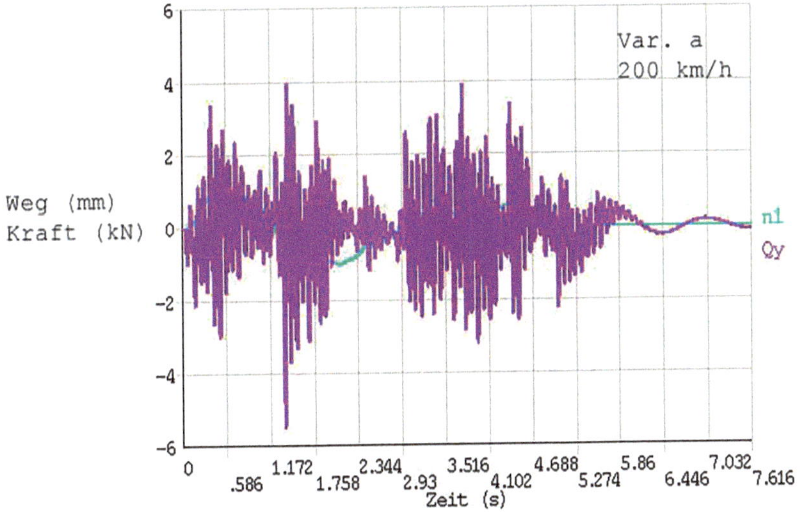

Abb. 5.34 Gleislage und Querkraft Q1 für Variante a bei 200 km/h

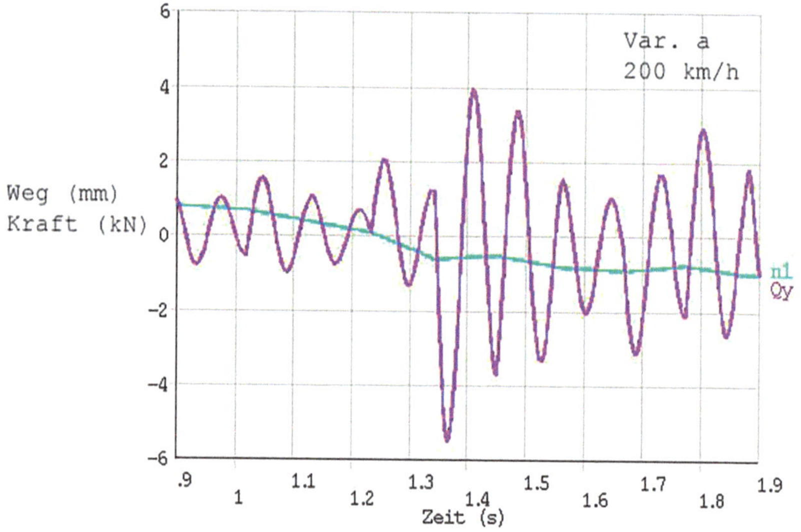

Abb. 5.35 Zeitlicher Ausschnitt von Gleislage und Querkraft Q1 für Variante a bei 200 km/h

Abb. 5.33 zeigt die Verschiebungen des Lw-Rahmens auf Höhe des Radsatzes (Knoten 3) und der Brücke (Knoten 10). Während das Laufwerk im wesentlichen die Gleisgeometrie nachfährt, sieht man bei der Brücke im rechten Teil der Kurve die Eigenfrequenz dominieren.

Abb. 5.34 zeigt die Gleiskontur (Knoten 1) und die Querkraft Qy am Radsatz in kN. Die in Wirklichkeit auftretende Fliehkraft kompensiert bzw. überkompensiert die hier ermittelten negativen (Zug-)Kräfte (max. –5,5 kN). In diesem Fall würde beispielsweise eine Maximalkraft von 4,0 + 5,5 = 9,5 kN und eine minimale von 0 kN auftreten oder mehr – je nach Beschleunigungsüberschuß. Zu beachten ist ferner, dass es sich hier ausschließlich um Massenkräfte infolge Gleislagefehlern handelt und nicht um kinematische Kräft des Bogenlaufs.

Abb. 5.35 zeigt einen zeitlichen Ausschnitt aus Abb. 5.34 von 0,9 bis 1,9 s, damit der Querkraftverlauf besser erkennbar wird. Es ist im wesentlichen die 4. bzw. 5.EF des Gesamtsystems (Radsatz gegen Gleis und Brücke), die 12,6 Hz beträgt.

Ähnliches gilt für die Variante c in den Abb. 5.36, 5.37 und 5.38.

Abb. 5.39 zeigt in relativer Darstellung die maximalen Querkräfte der drei Varianten bei unterschiedlichen Geschwindigkeiten. Die kleinste Kraft (Var.c,

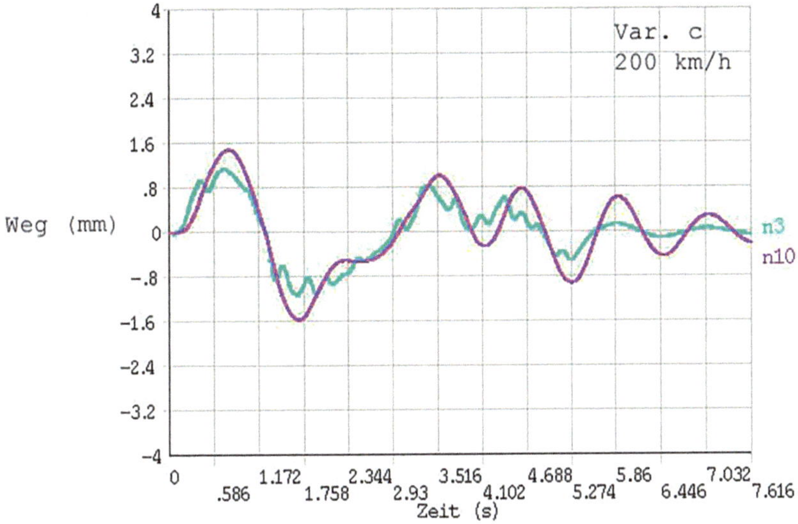

Abb. 5.36 Verschiebungen der Knoten 3 und 10 für Variante c bei 200 km/h

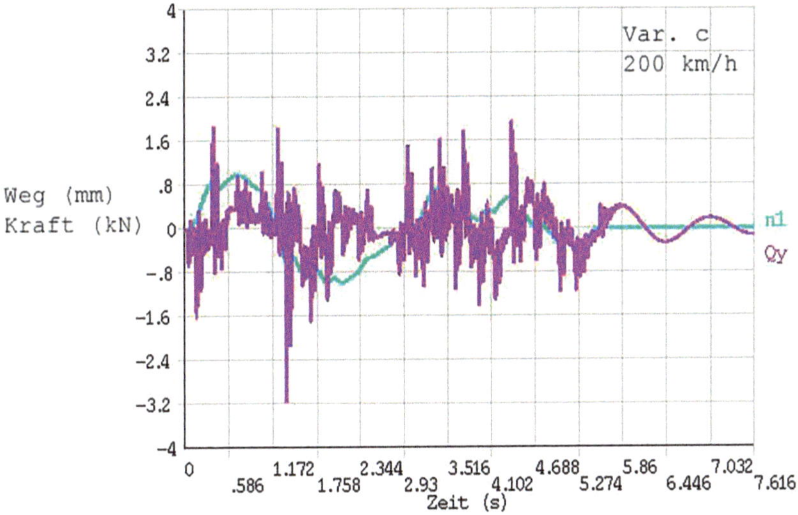

Abb. 5.37 Gleislage und Querkraft Q1 für Variante c bei 200 km/h

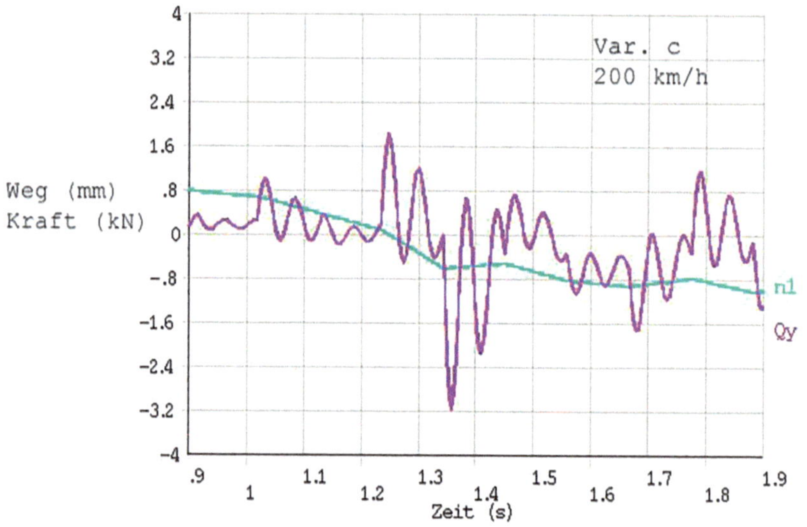

Abb. 5.38 Zeitlicher Ausschnitt von Gleislage und Querkraft Q1 für Variante c bei 200 km/h

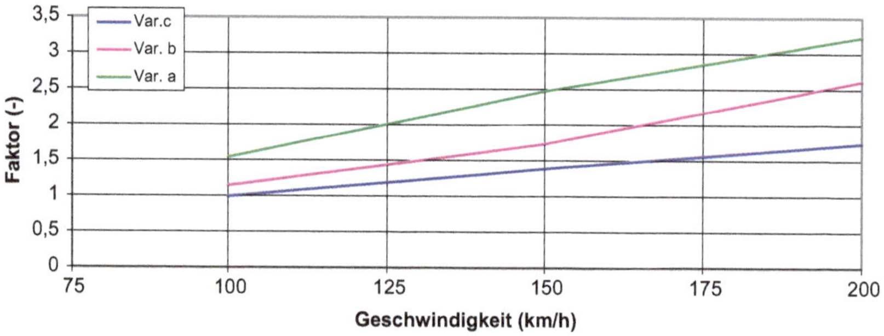

Abb. 5.39 Relative Querkräfte der untersuchten Varianten

100 km/h) wurde zu 1 gesetzt und alle anderen Kräfte auf diese Basis bezogen. Man erkennt den dynamischen Einfluß auf die Querkräfte, allerdings nicht in der erwarteten quadratischen Größe. Das liegt daran, dass der gewählte Gleislagefehler zu bestimmten Resonanzen des Schwingungssystems führt, welche die Schwingungsamplituden örtlich überhöhen.

Die wesentliche Aussage ist jedoch die Verminderung der Querkraft Qy bei 200 km/h von 9,45 (Var.a) auf 5,11 kN (Var.c), also nahezu auf die Hälfte.

Es wurden noch weitere, hier nicht gezeigt Berechnungen durchgeführt, z. B. mit im Laufwerk quer gefedertem Stator oder mit in der Brücke quer geführtem Motor. Letzteres ist bei Tatzlagerung konstruktiv kaum zu realisieren. Beide Maßnahmen erbrachten gegenüber Var. c keine nennenswerte Verbesserung und wurden daher nicht weiter verfolgt.

5.4.4 Abschließende Bewertung

Konstruktion

Die laterale Entkoppelung des Motors erfordert konstruktive Veränderungen gegenüber der jetzigen Bauart. Das Querspiel Motor/Radsatz sollte etwa ± 10 mm betragen, was eine Verbreiterung der Dichtflächen voraussetzt. Das Hauptproblem sind jedoch die Zahnräder. Die einfachste Lösung für Var.c wäre eine Geradverzahnung, welche eine Querverschiebung in der Verzahnung ermöglicht. Geradverzahnungen sind aber Quellen erheblicher Geräusche, welche sich vor allem als Körperschall verbreiten.

Damit sich Geräusche (= hochfrequente mechanische Schwingungen) nicht auf die Radsätze und Schienen mit ihren großen schallabstrahlenden Oberflächen ausbreiten können, sollte eine Unterbrechung dieses Pfades vorgenommen werden. Dazu könnten beispielsweise Zahnkranz und Nabe des Großrades über geeignete Elastomere getrennt werden. Diese Konstruktion muß allerdings sehr steif sein und erfordert gewiß einigen Entwicklungsaufwand. Ein kleiner Vorteil gegenüber dem einteiligen Zahnrad läge jedoch darin, dass man nur noch für den Zahnkranz den teuren Sonderstahl samt seiner Wärmebehandlung benötigt.

Es gibt aber auch Lösungsmöglichkeiten für schräg- oder pfeilverzahnte Räder z. B. nach dem Prinzip der Keilwelle – mit oder ohne Wälzkörper, je nach zulässigem Verschiebewiderstand.

Variante b ist nur für Käfigläufer-Motoren geeignet und auch sonst weniger empfehlenswert. Für sie käme eine Pfeilverzahnung oder eine Schrägverzahnung mit Druckkamm infrage, welche den Läufer an den Radsatz koppelt.

Lauftechnik

Wie bereits vermutet, lässt sich durch Entkoppelung des Motors vom Radsatz das laterale Laufverhalten des Tatzlagerantriebes deutlich verbessern. Die hier gewählte Feder/Dämpfer-Abstimmung ist jedoch nicht optimiert, was angesichts der Vereinfachungen des Rechenmodells auch nicht sinnvoll wäre. Eine solche

Optimierung lässt aber ein weiteres Absenken der Querkräfte erwarten, vor allem durch Verringerung der primären Querfedersteife.

Es ist bemerkenswert, dass infolge der Querentkoppelung das Kräfteniveau nicht noch wesentlich geringer als etwa 50 % ausfällt. Tatsächlich ist aber das System Radsatz/Schiene nicht starr, sondern besitzt wie im Vorherigen Kapitel gezeigt eine gewisse Elastizität, welche die ärgsten Stöße auffängt.

Zusammen mit der Ausarbeitung [19] erscheint es daher möglich, querentkoppelte Tatzlagerantriebe bis 200 km/h zuzulassen, was aber durch praktische Versuche untermauert werden muß. In Verbindung mit dem in [24] vorgeschlagenen Laufwerk ließe sich dann z. B. eine BR 101 der DB mit einer beachtlichen Kostensenkung und um mindestens 4000kg leichter bauen.

Zu dem in [24] vorgeschlagenen Entfall der Sekundärfederung ist folgendes zu ergänzen: Die Idee ist nicht neu, sondern schon seit etwa den 1960er Jahren von der russischen Lokfabrik Lugansk in der Diesellok M62 (sogenannte *Ludmilla*) verwirklicht worden. Diese Lok wurde in großen Stückzahlen in mehrere Ostblock-Staaten einschließlich DDR verkauft, nach der Wiedervereinigung auch von der DB übernommen und in mehreren Varianten als BR 230–234 eingestuft. Dort hat sie sich bewährt und ist auch heute noch bei mehreren privaten Lokvermietern in Betrieb.

Literatur

1. Breimeier, R.: Vor 50 Jahren: Zwei Schnellzugentgleisungen in Norddeutschland. EIR Eisenbahn-Revue International 6/2020, S. 315–319
2. Boedecker, C.: Die Wirkungen zwischen Rad und Schiene und ihre Einflüsse auf den Lauf und den Bewegungswiderstand der Fahrzeuge in den Eisenbahnzügen. Hahn, Hannover 1887
3. Ishida, H., Matsuko, M.: Safety Criteria for Evaluation of Railway Vehicle Derailment. Paper QR of RTRI, Vol 40, No 1, March 1999
4. Tanvier, M.A.: Temperature rise due to slip between wheel and rail – an analytical solution for Hertzian contact. Wear 61 (1980), S. 295–308
5. Knote, K.,Liebelt,S.: Determination of temperatures for sliding contact with applications for wheel-rail systems. Wear 189 (1995), S. 91–95
6. Vo, K.D. et al: Comparisons of stress, heat and wear generated by AC versus DC locomotives under diverse operational conditions. Wear 328–329 (2015), S. 186–196
7. Grundlagen des Festwalzens: www.ecoroll.de/verfahren/festwalzen.html
8. Cannon, D.F.,Pradier,H.: Rail Rolling Contact Fatigue Research by the European Rail Research Institute. Wear 191 (1996), S. 1–13
9. Pertoll, T. e.a.: Experimentelle und numerische Untersuchungen zum Festwalzen von Radsatzwellen. ZEVrail 148 (2024), 4, S. 138–146

10. Meierhofer, J.: Auswirkungen des Festwalzens auf das Ermüdungs- und Verschleißverhalten von Radsatzkomponenten. 48. Tagung „Moderne Schienenfahrzeuge“ der TU Graz 2023
11. Haibach, E.: Betriebsfestigkeit. 2.Auflage Springer 2002
12. Gebhard, S.: Untersuchung des Einflusses von Dreh-, Drehfräs-, Glattwalz- sowie Schleifprozessen auf das tribologische Einsatzverhalten von Stahl am Beispiel des Rad-Schiene-Kontakts. Berichte aus dem Produktionstechnischem Zentrum. Berlin. Fraunhofer/TU Berlin
13. Läpple, V.: Einführung in die Festigkeitslehre. 4.Auflage, SpringerVieweg 2016
14. Christian-Albrechts-Universität zu Kiel: Grundpraktikum Materialwissenschaft. Druckfestigkeit
15. Bargel, H.-J.: Werkstoffkunde. 12.Auflage, SpringerVieweg 2018
16. Knothe, K., Böhmer, A.: Eschede – Bemerkungen zur Dauerfestigkeit von Eisenbahnradsätzen. Internationales Verkehrswesen (50), 11/98
17. Meinders,Th.: Dynamik und Verschleiß von Eisenbahnradsätzen. Fortschrittsberichte VDI Nr. 612, 2005
18. Handbuch Das System Bahn, DVV Media Group Hamburg, 2008
19. Jöckel, A., Binder, A., Körner, O., Pfeiffer, R.: Tatzlager-Lokomotiv- antriebe für 200 km/h. Tagungsband VDE-ETG Kongress, Berlin 1999, S.85–89.
20. Mielcarek, A., Meinecke, P.: Querelastisch aufgehängte Fahrmotoren zur Erhöhung der Grenzgeschwindigkeit von Rad/Schiene-Fahrzeugen. VDI-Berichte Nr. 381, 1980, S. 105–111.
21. Pascal, J., Sauvage, G.: Theoretischer Vergleich des dynamischen Ver haltens eines Hochgeschwindigkeits-Drehgestells mit verschiedenen Radprofilen und Schienen des Typs UIC60 mit einer Einbauneigung von 1/20 bzw. 1/40. VDI-Berichte Nr.820, 1990, S. 1–24.
22. Hütte. Des Ingenieurs Taschenbuch, Berlin 1955, Verlag von Wilhelm Ernst & Sohn.
23. Stammberger, K.: Die Membrankupplung – eine Drehstarre Kupplung für getriebebewegliche Verbindungen. Wiss. Zeitschrift der TH Otto von Guericke Magdeburg 11 (1967), Heft ¾, S. 357–361.
24. Fleiss, R.: Konzept eines vereinfachten, leichten Eisenbahnfahrwerks. ZEVrail Glas. Ann. 129 (2005) 10 Oktober, S. 432–439.

6 Antriebsarten

6.1 Stangenantriebe

Stangen- oder auch Blindwellenantriebe waren weit verbreitete Lösungen bei Diesel- wie auch Elektroloks (Abb. 6.1). Sie sind einfache, robuste Konstruktionen, werden aber kaum noch angewendet, weil sie einen konstruktionsbedingten Nachteil aufweisen: Die Haftwertausnutzung ist deutlich geringer als bei Direktantrieben wie z. B. dem Tatzlagermotor. Die Ursache dafür soll in der folgenden Abhandlung kurz erläutert werden. Eine ausführliche Darstellung des Problems ist in [1] nachzulesen.

Die mit der Blindwelle über Stangen gekuppelten Räder durchlaufen während einer Umdrehung je zweimal eine Stellung des maximalen bzw. minimalen Antriebsmoments (Abb. 6.2). Die Stangenkräfte können bei Vernachlässigung der Steifigkeiten von Stangen und beteiligten Wellen mit guter Näherung als sin-Funktion des Umdrehungswinkels α der Blindwelle angegeben werden zu

$$F_{St1} = F_{max} \cdot \sin \alpha$$

$$F_{St2} = F_{max} \cdot \cos \alpha$$

für jeweils die linke und rechte Seite des Fahrzeugs (Index 1,2, siehe Abb. 6.2). Da die Räder wechselseitig von den Stangen angetrieben werden, werden die jeweiligen Radsatzwellen wechselnd mit der doppelten Frequenz der Antriebswelle tordiert. Das führt zu einem jeweiligen Schlupf der Räder und somit zu der anfangs erwähnten Einbuße an Haftwertausnutzung. Nur ein konstantes Torsionsmoment ohne Schwingungen im Antriebssystem ermöglicht die maximale Ausbeute an Zugkraft. Abb. 6.3 zeigt einen typischen Vertreter dieser Antriebstechnik, eine Lok der schwedischen Erzbahn LKAB. Diese ist aber seit über

R. Fleiss, *Das Rad/Schiene-System der Eisenbahn*,
https://doi.org/10.1007/978-3-662-72159-9_6

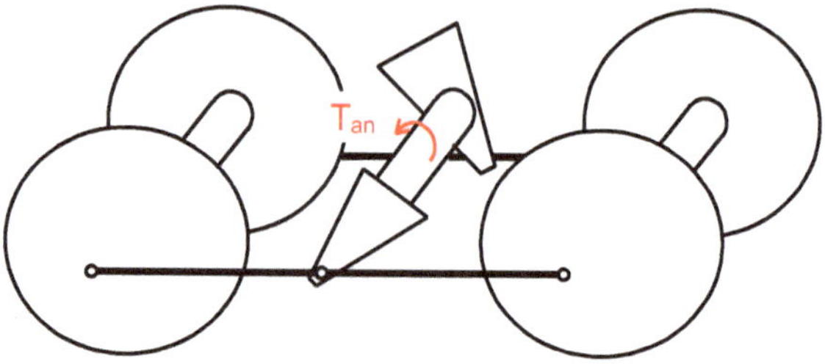

Abb. 6.1 Prinzip eines Blindwellenantriebes

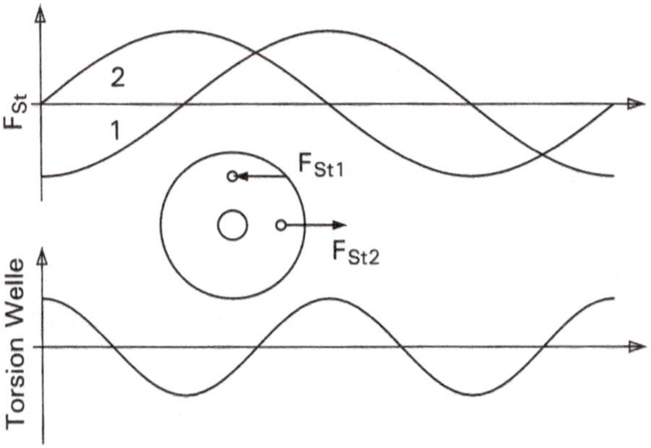

Abb. 6.2 Kräfte der Kuppelstangen und Torsion der Radsatzwelle während einer Umdrehung

20 Jahren ausgemustert, nicht zuletzt wegen der anfangs erwähnten geringeren Haftwertausnutzung.

Eine Sonderstellung bei Stangenantrieben nehmen die Dampflokomotiven ein Abb. 6.4. Sie waren die ersten Fahrzeuge mit diesem Antrieb. Ihre Zeit ist zwar lange vorbei, aber aus nostalgischen Gründen nimmt die Zahl der betriebsbereiten Loks wieder zu, sodaß eine kurze Darstellung des Lokantriebs gerechtfertigt ist [2]: Beginnend vom Totpunkt des Zylinders erreicht der Dampfdruck im Zylinder nahezu Kesseldruck bis etwa zur Mittelstellung des Kolbens, je nach Reglerstellung. Danach endet die Speisung, der Dampf expandiert im Zylinder und der

Abb. 6.3 Elektrolok der LKAB (Erzbahn Schweden, Foto S. Schöpfer)

Abb. 6.4 Dampflok BR 01 der DB

Druck geht ungefähr bis auf ein Drittel des Anfangswertes zurück (hängt stark von der anfänglichen Füllung ab). Dadurch ergibt sich ein Torsionsmoment an den Rädern wie in Abb. 6.5 unten dargestellt. Die gestrichelte Linie stellt den Verlauf am zweiten Zylinder dar. An den Schnittpunkten beider Linien springt das Antriebsmoment von einem Rad auf das gegenüberliegende um, was zu einer entgegen gesetzten Torsion der Radsatzwelle und einem entsprechenden Schlupf

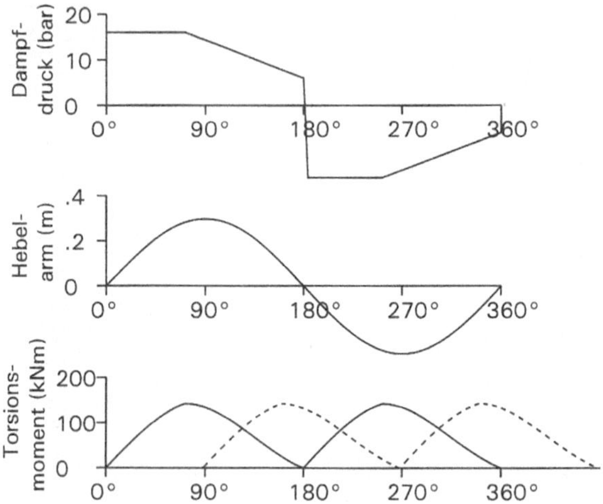

Abb. 6.5 Antriebsmoment einer Zweizylinder-Dampflokomotive. Gestrichelte Linie gehört zum zweiten Zylinder

der Räder führt. Dieser Schlupf bewirkt den Übergang vom Haften zum Gleiten mit entsprechend geringerem Kraftschlusskoeffizienten und kann ein Schleudern der Räder einleiten. Loks der Baureihe 03 beispielsweise neigten sehr zum Schleudern, was die nutzbare Antriebskraft erheblich minderte.

Vor allem im Anfahrbereich verfügen Dampfloks nur über eine relativ geringe Zugkraft und neigen zum Durchdrehen der Räder bei zu schnellem Öffnen des Dampfdruckreglers. Dieser Umstand, ihr extrem schlechter thermischer Wirkungsgrad von rund 10 %, der hohe Wartungsaufwand der Loks und die Notwendigkeit des täglichen Anheizens mit etwa vier Stunden Dauer führten zu ihrem raschen Ende, sobald leistungsfähige Dieselloks zur Verfügung standen. Dampfloks sind allerdings die einzigen Triebfahrzeuge, welche feste fossile Brennstoffe nutzen können wie z. B. Steinkohle, Braunkohle oder Holz. Das hat ihnen in Kohlegruben z. B. in USA oder China ein etwas längeres Überleben gesichert, weil der Brennstoff dort sehr preiswert ist.

6.2 Gelenkwellenantriebe

Gelenkwellenantriebe haben sich nach dem 2. Weltkrieg bei Dieselloks vor allem in Deutschland durchgesetzt: Der Motor ist über eine elastische Kupplung mit einem hydraulischen Getriebe verbunden, und dieses treibt über Gelenkwellen die Achsgetriebe an (Abb. 6.6). Bei größeren Lokomotiven wurden jeweils zwei Antriebsanlagen verwendet, wie im besagen Bild ersichtlich.

Dieses Antriebssystem ist ständigen Torsionsschwingungen ausgesetzt und musste sorgfältig ausgelegt werden, damit die Loks nicht schleuderten. Das hydraulische Getriebe besteht meistens aus zwei Föttinger-Wandlern und trennt das Schwingungssystem Motor/Getriebe vom System Getriebe/Radsätze. Ein Wandler deckt den unteren Geschwindigkeitsbereich ab (Anfahrwandler), der andere die höheren Geschwindigkeiten (Marschwandler). Die Haftwertausnutzung war nicht optimal, aber ausreichend. Lange Zeit war dieses dieselhydraulische System dem dieselelektrischen (Dieselmotor/Generator/Elektromotor) gleichwertig oder gar überlegen: Die Elektromotoren der Achsantriebe waren Gleichstrommotoren mit wartungsanfälligen Kollektoren. Das änderte sich, als man für die erforderlichen Leistungen mit Stromrichtern Drehstrom variabler Spannung und Frequenz erzeugen konnte und damit als Achsantriebe wartungsarme Käfigläufermotoren mit großer Leistungsdichte einsetzen konnte. Dieses Antriebsschema hat sich weltweit durchgesetzt, und Gelenkwellenantriebe gibt es bei Neubauloks praktisch nicht mehr.

6.3 Direktantriebe

Als Direktantriebe bezeichnet man solche Antriebe, bei denen der Motor direkt mit der Radsatzwelle verbunden ist, meistens über ein Stirnradgetriebe, siehe Abb. 6.7. Der einfachste und am häufigsten anzutreffende Fall ist der Tatzlagerantrieb (a). Dabei sind Motor und Getriebe fest verflanscht und stützen sich einerseits auf der Radsatzwelle ab, andererseits auf dem Drehgestell- oder Fahrzeugrahmen. Diese einfache, robuste Konstruktion erlaubt eine hohe Haftwertausnutzung (bei US-Bahnen >0,4) und ist als Käfigläuferversion praktisch wartungsfrei. Der Nachteil ist die fehlende Entkoppelung des Motors in Querrichtung, sodaß diese Antriebe nur für Geschwindigkeiten bis etwa 140 km/h geeignet sind (siehe auch Abschn. 5.4)..

Für höhere Geschwindigkeiten gibt es im Prinzip vier Varianten:

- Hohlwelle zwischen Stirnradgetriebe und Radsatz (z. B. BR 101 der DB), (b)
- Gelenkwelle zwischen Motor und Stirnradgetriebe (c). Letztere sind axialverschiebliche Kreuzgelenke (TGV der SNCF), Membrankupplungen oder Kupplungen mit gummielastischen Elementen (BR 430 der DB)
- Elastische Kupplung (meist Zahnkupplung) zwischen Motor und Stirnradgetriebe (ICE3 der DB), (d)
- Kegelradgetriebe auf der Radsatzwelle und Gelenkwelle zum Antriebsmotor (ICE-T der DB, Class 91 der British Railways, (e)).

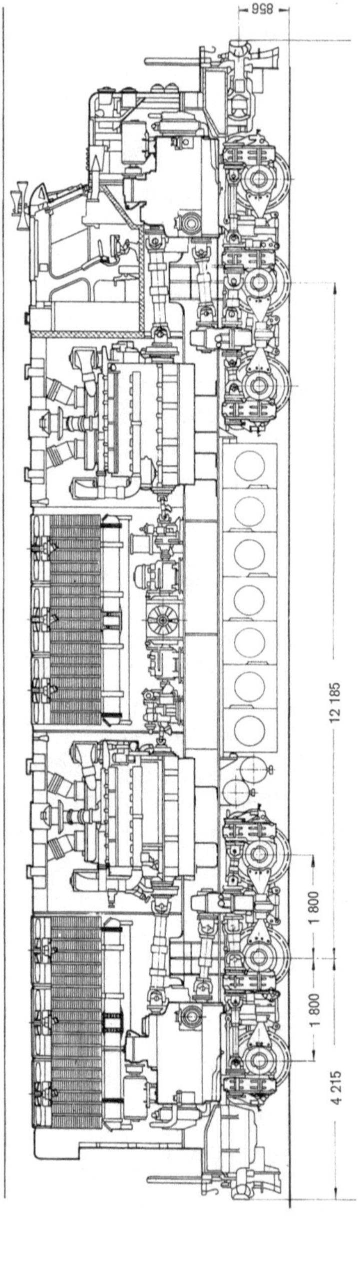

Abb. 6.6 Diesellok ML 4000 C'C', Gebaut von Krauss-Maffei für die Southern Pacific Bahn, USA. (Quelle [3])

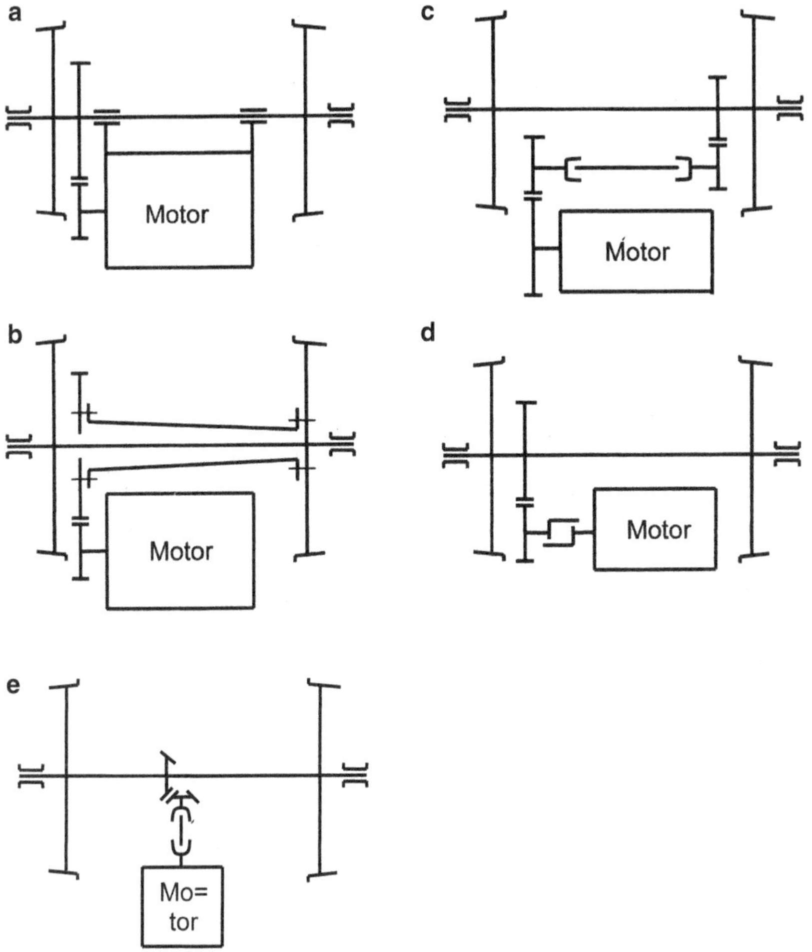

Abb. 6.7 **a** Tatzlagerantrieb, **b** Hohlwellenantrieb, **c** Gelenkwellenantrieb TGV, **d** Elastische Kupplung mir Radial- und Axialspiel im Antrieb, **e** Kegelradgetriebe mit Gelenkwelle zum Antriebsmotor

6.4 Indirekte Antriebe

Unter indirekten Antrieben versteht man solche, welche Kraft auf Teile der Fahrzeugstruktur ausüben und nicht die Räder direkt antreiben und damit über den Rad/Schiene-Kontakt Vortriebskraft erzeugen Ein Beispiel dafür ist der Linearmotor, welcher ein wanderndes Magnetfeld erzeugt und mit diesem Magnetfeld ein Fahrzeug antreibt. Ein Vertreter dieser Technik ist der TRANSRAPID, welcher in Shanghai die Innenstadt mit dem Flughafen Pudong verbindet. Es gibt auch japanische Versuchszüge, die sich bislang aber nur im Teststadium befinden. Diese Fahrzeuge haben einen eigenen Gleiskörper, welcher mit denen der Eisenbahn nicht kompatibel ist. Dieses autarke Verkehrssystem ist für Geschwindigkeiten über 400 km/h geeignet, konnte sich bisher aus Kostengründen aber nicht durchsetzen.

Technisch machbar ist jedoch die Ausrüstung von Eisenbahngleisen mit Linearmotoren, sofern das Gleis als Feste Fahrbahn (FF) gebaut ist: Die Betonplatten der FF eignen sich vorzüglich zur Aufnahme der erforderlichen Kabelwicklungen und brauchen nicht wie ein Schwellengleis gewartet zu werden. Ein weiterer Vorteil dieser Antriebsart ist der Entfall der Oberleitung: Ein Kostenfaktor, welcher immer wieder Betriebsstörungen bei bestimmten Wetterlagen verursacht (Rauhreif, umgestürzte Bäume, gerissene Seile). Ein solches Antriebssystem ist mit dem bisherigen Eisenbahnnetz voll kompatibel, siehe auch Anhang A3.

Mit dem Linearmotor als Antrieb kann man das Laufwerk der Fahrzeuge deutlich vereinfachen: Statt Radsätzen können Einzelräder verwendet werden, welche lauftechnisch bei Geschwindigkeiten über etwa 350 km/h unabdingbar sind. Bei 350 km/h ist offenbar die Grenze des stabilen Laufs für Fahrzeuge mit Radsätzen und Achsantrieben erreicht. Ein Talgo-Waggon mit Losrädern hat auf dem inzwischen abgebauten Rollprüfstand der Deutschen Bahn in München bei stabilem Lauf Geschwindigkeiten von 500 km/h erreicht [4]. Das ist also die Perspektive, welche mit dem Rad/Schiene-System und Linearmotoren erreichbar wäre. Ein vergleichbares Projekt ist der NextGenerationTrain der Deutschen Zentrums für Luft- und Raumfahrt dlr [5], welcher aber elektrische Radnabenmotoren an den Rädern aufweist. Dadurch entzieht der Antriebsschlupf den Rädern einen Teil der verfügbaren Haftung, die man aber im hohen Geschwindigkeitsbereich für die Fahrstabilität dringend benötigt.

Literatur

1. Fleiss, R.: Verbesserte Haftwertausnutzung für Stangenantriebe. EI-Eisenbahningenieur, April 2010, S. 58–60
2. Waller, R.: Die Modernisierung der Dampflokomotive 52 8055. Eisenbahn-Revue 7/2004, S. 301–305
3. Lokomotiven made in Germany. Herausgeber: Exportförderungsverband der Deutschen Lokomotivindustrie,1966, Frankfurt/Main
4. Netzel, A.: Talgo XXL – zuverlässige Neigetechnik im hochwertigen Reiseverkehr. ZEVrail Glasers Annalen 2002, H.9, S. 404–414
5. www.verkehrsforschung.dlr.de/en/projects/ngt-hst

Anhang A1: Abstand zweier Flächen

Die Berechnung des Kontaktes zweier räumlich gekrümmter Oberflächen ist sehr aufwendig und wird üblicherweise mithilfe der FEM durchgeführt, was aber größere Parameterstudien erheblich erschwert. Diese Abhandlung hat das Ziel, mittels geometrischer Beschreibung der jeweiligen Oberflächen Aussagen über die Kontaktzustände bei unterschiedlichen Parametern zu machen.

Abb. A.1 zeigt die gitterförmige Unterteilung zweier Oberflächen, einer Ebene und einer Kugel. Die Vierecke bestehen jeweils aus zwei Dreiecken, die aber hier aus Gründen der Übersichtlichkeit nicht gezeichnet sind. Jedes Dreieck bildet eine Ebene, welche durch die Gleichung

$$A \cdot x + B \cdot y + C \cdot z + D = 0$$

definiert ist. Diese Gleichung in der Hesseschen Normalform lautet in Komponentenschreibweise

$$x \cdot \cos\alpha + y \cdot \cos ß + z \cdot \cos\gamma - p = 0$$

Setzt man die Koordinaten x_P, y_P, z_P eines beliebigen Punktes P in diese Gleichung ein, so erhält man den Abstand dieses Punktes von der Ebene. Auf diese recht einfache Weise lässt sich durch rechnerische Absenkung einer der Oberflächen die jeweilige Überlappung und damit der Kontaktbereich ermitteln.

Die Gleichung einer Ebene, die durch drei Punkte P_i (x_i, y_i, z_i) gegeben ist, lautet in Komponentenschreibweise

R. Fleiss, *Das Rad/Schiene-System der Eisenbahn*,
https://doi.org/10.1007/978-3-662-72159-9

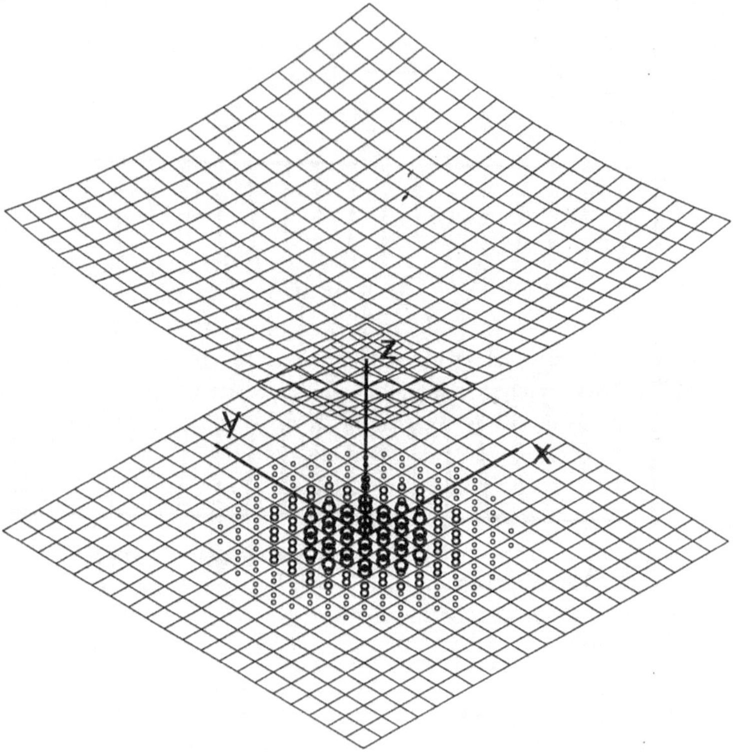

Abb. A.1 Gitterförmige Unterteilung einer Kugel und einer Ebene

$$\begin{vmatrix} x - x_1 & y - y_1 & z - z_1 \\ x_2 - x_1 & y_2 - y_1 & z_2 - z_1 \\ x_3 - x_1 & y_3 - y_1 & z_3 - z_1 \end{vmatrix} = 0$$

Die Berechnung dieser Determinante 3. Ordnung mit den Abkürzungen

$$a_{21} = x_2 - x_1 \quad a_{22} = y_2 - y_1 \quad a_{23} = z_2 - z_1$$

$$a_{31} = x_3 - x_1 \quad a_{32} = y_3 - y_1 \quad a_{33} = z_3 - z_1$$

erfolgt nach der Regel von Sarrus und ergibt leicht umgeformt

$$x(a_{22} \cdot a_{33} - a_{23} \cdot a_{32}) + y(a_{23} \cdot a_{31} - a_{21} \cdot a_{33}) + z(a_{21} \cdot a_{32} - a_{22} \cdot a_{31})$$
$$-x_1(a_{22} \cdot a_{33} - a_{23} \cdot a_{32}) - y_1(a_{23} \cdot a_{31} - a_{21} \cdot a_{33}) - z_1(a_{21} \cdot a_{32} - a_{22} \cdot a_{31}) = 0$$

Daraus folgt

$$A = a_{22} \cdot a_{33} - a_{23} \cdot a_{32}$$
$$B = a_{23} \cdot a_{31} - a_{21} \cdot a_{33}$$
$$C = a_{21} \cdot a_{32} - a_{22} \cdot a_{31}$$
$$D = -x_1 \cdot A - y_1 \cdot B - z_1 \cdot C$$

Die Winkel berechnen sich zu

$$\cos\alpha = A/\surd A^2 + B^2 + C^2$$
$$\cos\beta = B/\surd A^2 + B^2 + C^2 \quad (\surd \rightarrow \text{Quadratwurzel})$$
$$\cos\gamma = C/\surd A^2 + B^2 + C^2$$

Mit den Koordinaten x_P, y_P und z_P des Referenzpunktes P ergibt sich schließlich der gesuchte Abstand zur Ebene zu

$$\text{del} = -\left(x_p \cdot \cos\alpha + y_p \cdot \cos\beta + z_p \cdot \cos\gamma + D/\surd A^2 + B^2 + C^2\right)$$

Abb. A.2 zeigt ein einfaches Beispiel in der Programmiersprache QuickBasic (leicht umzusetzen in FORTRAN) mit einem Dreieck und einem Referenzpunkt jeweils in der xy-Ebene.

```
REM                       Test Abstand Punkt zu Dreieck-Flaeche
REM                       -------------------------------------
REM
    x(1) = 0: x(2) = 2: x(3) = 0
    y(1) = 0: y(2) = 0: y(3) = 1  'Dreieck parallel zu xy-Ebene
    z(1) = 1: z(2) = 1: z(3) = 1

    a21 = x(2) - x(1):  a22 = y(2) - y(1):  a23 = z(2) - z(1)
    a31 = x(3) - x(1):  a32 = y(3) - y(1):  a33 = z(3) - z(1)

    ga = a22 * a33 - a32 * a23  ' ga -> A
    gb = a23 * a31 - a33 * a21  ' gb -> B
    gc = a21 * a32 - a31 * a22  ' gc -> C
    gd = -x(1) * ga - y(1) * gb - z(1) * gc ' gd -> D

    sqsum = SQR(ga * ga + gb * gb + gc * gc)
    cosa = ga / sqsum  ' cos(alpha)
    cosb = gb / sqsum  ' cos(beta)
    cosg = gc / sqsum  ' cos(gamma)

    xp = .5: yp = .5: zp = 0     'Referenzpunkt P
    del = -(xp * cosa + yp * cosb + zp * cosg + gd / sqsum)

REM     del -> Abstand Referenzpunkt von o.a. Dreieck

    PRINT #2, x(1); x(2); x(3)
    PRINT #2, y(1); y(2); y(3)
    PRINT #2, z(1); z(2); z(3); "  Abstand ="; del


    0  2  0
    0  0  1
    1  1  1   Abstand = 1
```

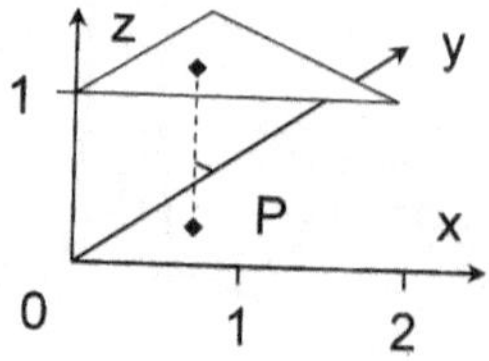

Abb. A.2 Beispiel des Abstandes eines Referenzpunktes P von einer Dreiecksfläche

Anhang A2: Programm zur Berechnung des Abstandes eines beliebigen Punktes zu einer Fläche

Dieses Programm ist in QUICKBASIC geschrieben, einer Sprache, die sehr leicht in FORTRAN 90 oder höher umzusetzen ist. Die Syntax ist praktisch gleich, der einzige nennenswerte sprachliche Unterschied ist die Schleife: Statt *for…next* heißt es *do…end do.*

Um das mühselige und fehlerbehaftete Abtippen des Programms zu vermeiden, ist es im Internet unter https://doi.org/10.1007/978-3-662-72159-9_3 abgespeichert.

R. Fleiss, *Das Rad/Schiene-System der Eisenbahn*,
https://doi.org/10.1007/978-3-662-72159-9

Anhang A3: Gedanken zur Eisenbahn der Zukunft, insbesondere Zukunft des Personenschnellverkehrs

1 Einleitung

Vor dem zweiten Weltkrieg war die Eisenbahn in Deutschland wie auch in den Nachbarländern der dominante Verkehrsträger. Diese Führungsrolle hat sie aber ab den 1960er Jahren an den Individualverkehr abgeben müssen und verlor massiv an Bedeutung. Vor gut 30 Jahren erfolgte jedoch eine Rückbesinnung auf die Vorzüge des spurgebundenen Verkehrs, und europaweit wurden mit staatlichen Geldern die Eisenbahnen modernisiert. Das hieß auch und vor allem Neubau von Strecken. Dabei wird nach Ansicht des Autors das Gleisnetz von morgen für die Fahrzeugtechnik von heute gebaut. Es wird ein Vorschlag unterbreitet, wie man in drei Phasen ein modernes, zukunftweisendes Eisenbahnsystem gestalten könnte. Dies sollte mit neuer Struktur und hoher Geschwindigkeit in der Lage sein, den Individualverkehr zurückzudrängen und zumindest den Kurzstrecken-Luftverkehr zu ersetzen.

2 Rückblick

Überlegungen zu einer Eisenbahn der Zukunft wurden bereits im Dritten Reich angestellt. Abb. A.3 zeigt den Entwurf einer gigantischen Doppel-Lokomotive mit einer Breite von 5,50 m und einer Höhe von knapp 7,00 m für ein noch zu errichtendes Breitspurnetz mit 3,00 m Spurweite. Dieser Entwurf ist antriebsseitig angelehnt an die Ellok der Baureihe E19, konzeptionell ähnelt sie der Diesellok V188, beides Loks der damaligen Deutschen Reichsbahn. Diese Ideen sind aber aus verschiedenen, nahe liegenden Gründen nicht weiterverfolgt worden.

R. Fleiss, *Das Rad/Schiene-System der Eisenbahn*,
https://doi.org/10.1007/978-3-662-72159-9

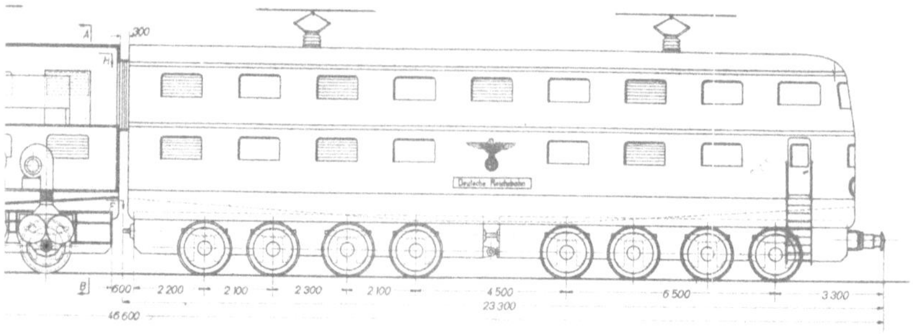

Abb. A.3 Entwurf einer Breitspurlok der Deutschen Reichsbahn. (Quelle: DB Museum Nürnberg)

3 Istzustand / Randbedingungen

Das Bestandsnetz der deutschen Bahnen ist rund 150 Jahre alt, und wenn jetzt mit Milliardenaufwand neue Strecken gebaut werden, dann sollten sie doch mindestens den Ansprüchen der nächsten 50 Jahre genügen. Tatsächlich sind sie aber für den heutigen Stand der Fahrzeugtechnik ausgelegt, nicht für künftige Entwicklungen.

Durchschnittsgröße der Menschen
In den letzten 100 Jahren sind die Menschen durchschnittlich um 10–14 cm gewachsen, je nach Statistik, und es ist zu erwarten, dass sich diese Entwicklung fortsetzt. Die Automobilindustrie hat jenem Umstand durch immer größere Fahrzeuge Rechnung getragen, siehe Abb. A.4. Die Eisenbahn konnte diesem Trend nicht folgen, weil es die betrieblichen Normen und Vorschriften nicht zulassen. Diese sind zwar unabdingbar für einen sicheren Betrieb, können aber auch für künftige Entwicklungen hinderlich sein. Spätesten beim groß angelegten Bau neuer Strecken müssen auch und vor allem Überlegungen dieser Art angestellt werden.

Anforderungen an das System Bahn
Zuallererst sollten die Potentiale des normalspurigen Rad/Schiene-Systems ausgelotet werden, damit diese heute getätigten Investitionen auch mittelfristig den zu erwartenden Anforderungen genügen können.

Lichtraumprofil
Die Forderung nach breiteren und höheren Fahrzeugen ist nahe liegend und wurde dementsprechend bereits von mehreren Autoren erhoben, beispielsweise

Abb. A.4 Größenvergleich Fiat500 alt/neu. (Copyright AUTO BILD Syndication/K.Ernsthaler)

[1–4]. Dabei lautet die Kernfrage: Wie breit und wie hoch darf ein Fahrzeug sein, damit ein sicherer Betrieb gewährleistet ist?

Die russischen und finnischen Bahnen hatten von Anfang an ein deutlich größeres Lichtraumprofil als der Rest in Europa. Die nordamerikanischen Bahnen haben auf den meisten Hauptstrecken das Lichtraumprofil sukzessive nach oben erweitert. Dort gibt es drei Kategorien von Fahrzeughöhen je nach Containertyp: von 5,54 m (18′2“) bis 6,15 m (20′2“). Das ermöglicht bekanntlich einen doppelstöckigen Containertransport. Allerdings kommt es immer wieder vor, dass starke Winde solche Wagen umwerfen, siehe Abb. A.5. Weitere Bilder kann man zuhauf im Internet abrufen unter den Suchbegriffen *derailment storm* bzw. ~ *wind*. Da auch in Europa mittlerweile ähnliche Windverhältnisse herrschen, kann zumindest für den Personentransport aus Sicherheitsgründen nur eine geringere Höhe von 5,00–5,50 m empfohlen werden.

Die maximale Breite ist schwieriger zu bestimmen. Damit die Kippsicherheit gewährleistet ist, muß die Nutzlast einigermaßen gleichmäßig über der Breite verteilt sein. Das ist bei Schüttgütern und Flüssigkeiten nicht ohne weiteres gegeben, sodaß solche Fahrzeuge nur unwesentlich breiter als bisher sein sollten. Allerdings müßte für sperrige Güter (Behälter, Maschinen, Anlagenteile, Weichen usw.) eine nutzbare Breite von 4,00–4,50 m verfügbar sein. Bei Personenfahrzeugen kann ein Kompromiß im Bereich 3,50–4,00 m liegen.

Abb. A.5 Umgestürzter Container-Tragwagen der Bahngesellschaft Union Pacific

Geschwindigkeit

Die aktuellen betrieblichen Höchstgeschwindigkeiten weltweit liegen bei 320…350 km/h. Einzig Russland plant neue Strecken für 400 km/h, was allerdings derzeit alltagstauglich nicht erreichbar ist, wohl aber in den nächsten 10–20 Jahren. Der Weltrekord für Schienenfahrzeuge liegt zwar bei 574 km/h (SNCF), konnte aber nur unter Laborbedingungen erreicht werden. Für reale Fahrzeuge unter realen Betriebsbedingungen liegt die derzeitige Grenze wie vorab erwähnt bei etwa 350 km/h. Darüber hinaus laufen konventionelle Fahrzeuge instabil, vor allem infolge der praktisch ungedämpften Radsatzschwingungen. Erst die Ablösung des Radsatzes durch Losräder eröffnet den Weg zu höheren Geschwindigkeiten. Angestrebt werden sollten diese im Bereich von 400–450 km/h.

Wirtschaftspolitische Anforderungen

Das Ziel eines leistungsfähigen Eisenbahnnetzes sollte neben dem Zurückdrängen des Individualverkehrs auch der Ersatz mindestens des innerdeutschen Flugverkehrs sein. Davon ist man derzeit allerdings weit entfernt, denn dann müsste das Netz ähnlich strukturiert sein wie die Autobahnen: Lediglich Abzweigungen führen in die Städte hinein, sodaß die Fernzüge auf weiten Strecken durchgehend ihre Höchstgeschwindigkeit ausfahren können. Nur so ist in einem dicht besiedelten Land wie Deutschland ein schneller und konkurrenzfähiger Bahnverkehr realisierbar, allerdings mit enormen Investitionskosten. Das wäre ein Konjunkturprogramm für die nächsten 20–30 Jahre; der Wille dazu ist aber nicht erkennbar.

Europäische Situation
Derzeit werden in mehreren europäischen Ländern geradezu wettbewerbsmäßig die Eisenbahnen modernisiert und das Netz erweitert. Abgesehen von der ERTMS-Initiative (Zugsicherung und Zugfunk) driften jedoch die Entwicklungen eher auseinander, was z. B. betriebliche Standards, Geschwindigkeiten, Lichtraumprofil, Gleisradien, Gleisabstände usw. betrifft. Die Erfahrungen mit der gescheiterten Einführung der automatischen Kupplung vor knapp 50 Jahren in Europa zeigt, dass man übergreifende technische Lösungen gesamteuropäisch nicht durchführen kann, sondern nur zusammen mit einigen wenigen eng verbundenen Nachbarbahnen. Irgendwann werden sich dann sukzessive weitere Bahnen diesen Entwicklungen anschließen. Wenn einer nicht vorangeht, wird es nie zu tief greifenden Veränderungen kommen. Man kann gespannt sein, wie die in Entwicklung befindliche DAK (Digitale Automatische Kupplung) eingeführt wird, oder ob sie das gleiche Schicksal erleidet wie ihre Vorgängerin. Widerstand dagegen gibt es bereits.

4 Vorgeschlagene Maßnahmen

Wie kann man also angesichts realer Randbedingungen mittelfristig eine deutliche Verbesserung der Leistungsfähigkeit des Bahnwesens erreichen? Dazu werden Maßnahmen in drei Phasen vorgeschlagen:

Phase I:

Auf der Neubaustrecke (NBS) Frankfurt-Köln mit einem Gleisabstand von $\geq$ 4,50 m als Referenzstrecke könnten neue, breitere Fahrzeuge wie im folgenden Kapitel vorgestellt erprobt werden. Der durch die geräumigeren Fahrzeuge erzielte Komfortgewinn wird die Öffentlichkeit gewiß überzeugen und die Bereitschaft bei den Anteilseignern stärken, weitere Mittel für den Schienenverkehr bereitzustellen. Sollte es wider Erwarten infolge der breiteren Fahrzeuge zu Problemen bei Zugbegegnungen kommen, kann die Geschwindigkeit kurzzeitig auf etwa 200–250 km/h verringert werden. Das ist mit dem Zugsicherungssystem ETCS möglich. Nach erfolgreichen Tests sollte die Oberleitung durchgehend um etwa 20 cm angehoben werden, sodaß durchgehend eine Fahrdrahthöhe von 5,70 m zur Verfügung steht. Das ist ohne große bauliche Maßnahmen durchführbar und ermöglicht geräumige Doppelstock-Fahrzeuge mit entsprechendem Komfort. Die Höchstgeschwindigkeit muß in dieser Phase mit der Auslegungsgeschwindigkeit von 300 km/h beibehalten werden.

Phase II:

Neue Strecken ausschließlich für den Personenverkehr sollten ab sofort mit einem Gleisabstand von 6,00 m gebaut werden und einer konstanten Höhe der Oberleitung von 5,70 m. Die Fahrzeuge können dann ≥ 3,70 m breit und 5,30 m hoch sein. Die Oberleitungsmasten stehen zwischen den Gleisen, was den Geländeverbrauch der Strecke gegenüber den jetzigen NBS sogar noch verringert (Abb. A.6). Die Auslegungsgeschwindigkeit kann bei 400 km/h liegen, was in den nächsten 10–20 Jahren betrieblich erreichbar erscheint.

Diese Strecken müssen solide eingezäunt sein, damit keine Wildschäden entstehen oder Unfälle passieren wie im April 2008, wo ein ICE bei Fulda am Tunnelportal in eine Schafherde gefahren und dabei entgleist ist. Dadurch ist ein Millionenschaden entstanden.

Phase III:

Schließlich soll als Phase III ein Blick in die Zukunft geworfen werden. Dazu gehört auch ein Hinweis auf das Projekt *NextGenerationTrain NGT* des Deutschen Zentrums für Luft- und Raumfahrt dlr [5]. Dieser Zug bezieht seine Antriebsenergie wahlweise über Oberleitung oder induktiv aus dem Gleis. Allerdings ist wie bei herkömmlichen Bahnen die gesamte Antriebstechnik im Fahrzeug untergebracht, was Gewichts- und Adhäsionsprobleme bringt. Man mag bezweifeln, ob mit diesem Konzept bei nassen Schienen und mittlerer Steigung Geschwindigkeiten über 400 km/h zuverlässig und vor allem laufstabil gefahren werden können.

Nun zu den eigenen Vorstellungen: Es wird auf die störanfällige Oberleitung verzichtet, und der Antrieb wird in das Gleis verlegt. Die Feste Fahrbahn (FF) eignet sich vorzüglich für die Aufnahme der Spulen eines Linearmotors (LIM). Dadurch werden die Fahrzeuge wesentlich leichter, und mit nicht angetriebenen Losrädern kann eine Geschwindigkeit von mindestens 500 km/h erreicht werden, wie auf dem ehemaligen Rollenprüfstand der DB in München nachgewiesen wurde [6]. Somit ist man unabhängig vom Reibwert Rad/Schiene und könnte zur Vermeidung von Lärm und Verschleiß die Schienen nässen, eventuell sogar mit Seifenemulsion. Im übrigen ist die LIM-Technik vom TRANSRAPID her erprobt und die einschlägigen Patente gehören deutschen Firmen. Damit kann ein Teil der enormen Entwicklungskosten des TRANSRAPID-Systems wieder nutzbar gemacht werden. Diese Art des Antriebs ist im Vergleich zu herkömmlicher Technik nahezu kostenneutral:

- Fahrzeuge werden leichter und billiger. Der Unterschied zwischen angetrieben und nicht angetrieben entfällt
- Oberleitung entfällt (störanfällig bei bestimmten Wetterlagen und durch Vegetation)
- Signaltechnik einfacher (teures und umstrittenes ETCS entfällt)
- Schienenliegedauer verlängert sich erheblich (geringere Achslasten, keine Vortriebskräfte über Rad/Schiene-Kontakt, kein Schlupf der Räder durch Antrieb und Radsatzschwingungen – siehe aktuelle Probleme der Rollkontaktermüdung)

Zu erwähnen ist noch, dass infolge der größeren Wagenbreite die Räder eingekammert werden können, was die Schallemission erheblich verringert. Dieses Bahnsystem ist im Gegensatz zum TRANSRAPID voll kompatibel mit dem Bestandsnetz, weil man z. B. im Bahnhofsbereich ein solches Gleis auch mit Oberleitung ausrüsten kann. Dieselfahrzeuge wie beispielsweise Rangierloks oder Arbeitsgeräte können ein LIM-Gleis ebenfalls befahren.

5 Fahrzeugentwürfe

Zur Veranschaulichung, wie sich alle diese vorab entwickelten Gedanken am konkreten Fahrzeug darstellen, sollen nun einige Skizzen mitsamt Erläuterungen präsentiert werden.

Streckenquerschnitt
Abb. A.7 zeigt den NBS-Regelquerschnitt der DB. Verglichen mit dem hier vorgeschlagenen aus Abb. A.6 erkennt man, dass die Gesamtbreite und damit der Geländeverbrauch des Vorschlages bei deutlich größerem Gleisabstand sogar noch geringer ist als der derzeitige Regelquerschnitt. Ein wichtiges Detail ist auch wie vorab erwähnt die solide Einzäunung der Trasse, die für Hochgeschwindigkeitsstrecken unabdingbar ist. Die mittig angeordneten Betonmasten mit einem Abstand von 50 m erscheinen angesichts der großen Gleisradien aus der Führerhausperspektive wie eine durchgehende Wand. Damit verhindern sie das Blenden des Tfz-Führers bei Zugbegegnung

Fahrzeuge
Abb. A.8 zeigt Grundrisse und Seitenansicht eines Wagens. Die Fahrwerke sind dreiachsige Jakobs-Drehgestelle mit Losrädern mit gekröpften Achsen ähnlich wie bei Straßenbahnen. Bremsscheiben sind an den Rädern und außerhalb

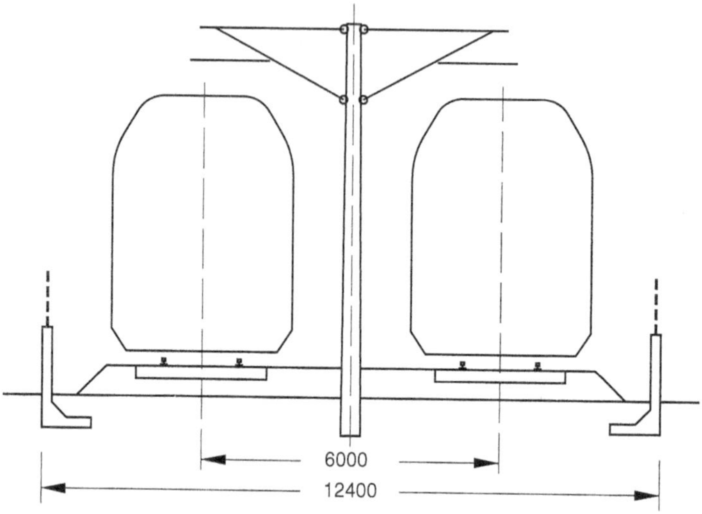

Abb. A.6 Strecken- und Fahrzeugquerschnitt der vorgeschlagenen Neubaustrecke

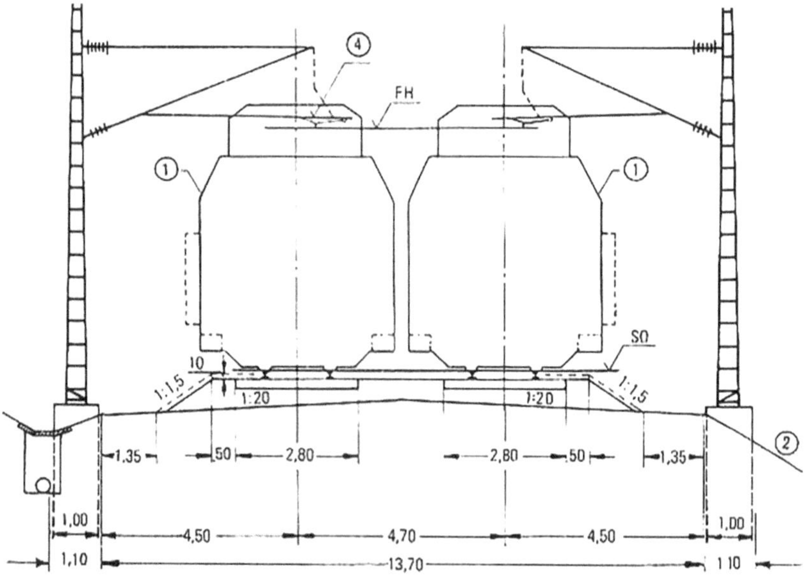

Abb. A.7 NBS-Regelquerschnitt der freien Strecke. (Quelle: Deutsche Bahn AG)

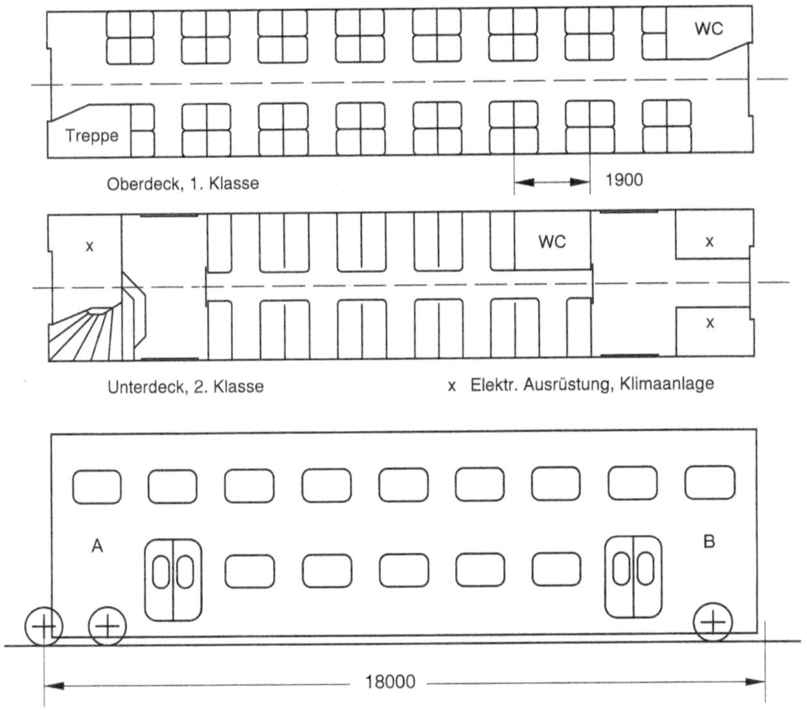

Abb. A.8 Grundrisse und Seitenansicht des Mittelwagens

des Drehgestell-Rahmens angeordnet. Die Achslast ist mit maximal 160kN vorgesehen

Ob man je Seite eine oder zwei Eintrittstüren zum Fahrzeug vorsieht, bleibt Praxistests vorbehalten. Zu erwähnen ist auch die durchgehende Schürze des Wagens, welche die Räder voll abdeckt und eine gute Aerodynamik bietet.

Abb. A.9 zeigt Stirnansicht und Querschnitt der Fahrzeuge. Die Breite von 3,70 m erlaubt eine Sitzplatzanordnung von 2+2 oder 1+2+1 in der ersten und 3+3 in der zweiten Klasse. Dabei sind Sitzplatzabstand und Fensterteilung in beiden Klassen gleich und somit auch der Rohbau-Wagenkasten für alle Sitzwagen. Die Fußbodenhöhe im unteren Stock ist mit 0,55 m über SOK gleich der Bahnsteighöhe. Das gewährt barrierefreien Zugang zu **allen** Wagen und erübrigt gesonderte ausfahrbare Trittstufen. Diese sind bei höheren Bahnsteigen aus subjektiven Angstgefühlen älterer Reisender notwendig.

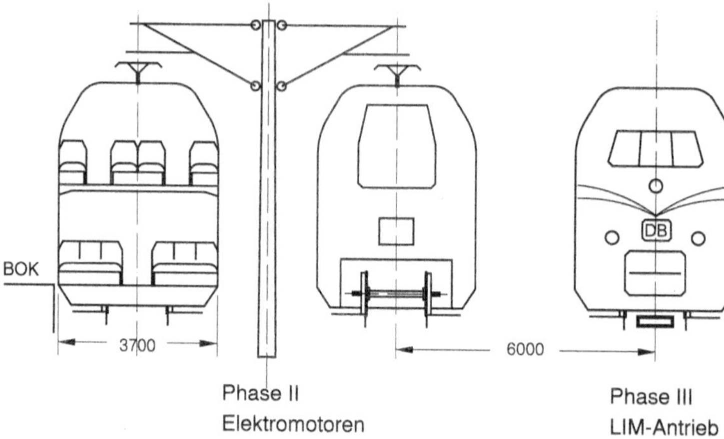

Abb. A.9 Fahrzeug-Querschnitt und Stirnansichten

In einem oder zwei Wagen des gesamten Zuges kann ein Lift für Rollstuhlfahrer vorgesehen werden; ansonsten ist es aber sicherlich auch zumutbar, wenn diese im unteren Stockwerk reisen. Der Wagenübergang oben kann großzügig bemessen werden, im unteren Stock gibt es nur jeweils einen mit eingeschränktem Querschnitt.

Die Wagenübergänge sind gerade bei Hochgeschwindigkeitsfahrzeugen sehr sorgfältig zu gestalten, vor allem was Aerodynamik und Akustik anbelangt. Die Übergänge sind außen bündig, um Flugschnee abzuwehren und Windgeräusche zu vermeiden. Vorgeschlagen wird auf jeder Stirnseite eine die Stirnwand abdeckende Zellgummiwand von etwa 30 cm Dicke. Diese ist bei gekuppelten Wagen leicht komprimiert, bietet eine gute Wärme- und Schalldämmung und benötigt keine gesonderten Vorrichtungen zur Verbindung. Bei Zellgummi sind die Luftbläschen untereinander isoliert und können sich daher nicht mit Wasser voll saugen. Die Kabelverbindungen zwischen den Wagen können innerhalb der Übergangselemente über kleine Schächte an den Stirnseiten verwirklicht werden. Die im Grundriß mit x gekennzeichneten Bereiche sind für Bordelektrik und Klimakomponenten vorgesehen.

Im Gegensatz zur derzeitigen Praxis ist die Kupplung nicht mit Bugklappen abgedeckt. Diese geben eine sehr große Frontöffnung bei gekuppelten Fahrzeugen frei. Das ist aerodynamisch sehr nachteilig und begünstigt im Winter

Abb. A.10 ICE 3 mit geöffneter Bugklappe

die Ansammlung von Flugschnee im Kupplungsschacht (Abb. A.10). Um den Kupplungsschacht abzudecken, ist auf dem Kupplungsarm zwischen Kupplung und Schacht ein gewölbtes Schild vorzusehen, welches die Kupplungsbewegung mitmacht und den Schacht überwiegend abdeckt.

Schließlich zeigt Abb. A.11 eine 6teilige Einheit dieses Triebwagens mit einer Gesamtlänge von 114 m. Dabei ist auf Aerodynamik und Komfort gleichermaßen Wert gelegt. Man kann sich vorstellen, dass beispielsweise in einem Speisewagen die Küche unten und der Speiseraum in großzügigem Ambiente oben eingerichtet sind. Auch bei Schlafwagen lässt das größere Raumangebot wesentlich komfortablere Lösungen zu als bisher. Wie bereits erwähnt, ist die Fußbodenhöhe des Fahrzeuges durchgehend 550 mm über SOK, sodaß im ganzen Zug barrierefreies Einsteigen von gleich hohen Bahnsteigen möglich ist. Generell sollten Züge nicht länger als 150...180 m sein, damit auch körperlich behinderte Menschen rasch zu ihren Wagen finden. Die jetzigen Zuglängen z. B. eines doppelten ICE-Zuges mit über 400 m Länge sind für Behinderte wie auch Reisende mit Gepäck und/oder Kleinkindern schwierig zu bewältigen.

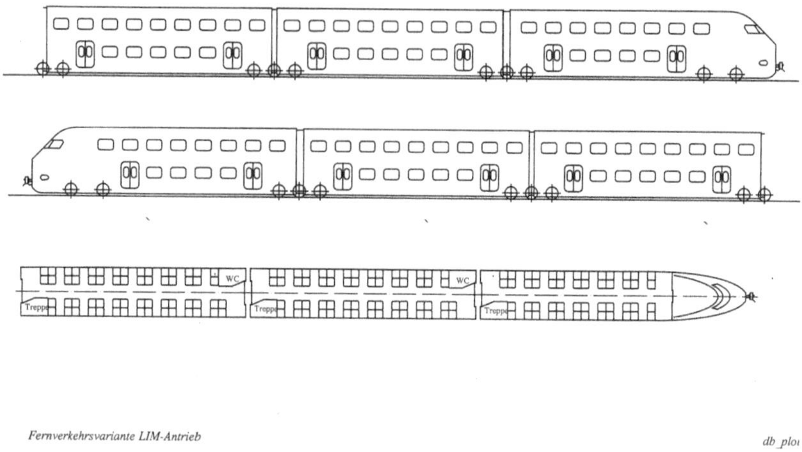

Abb. A.11 Ansicht des vorgeschlagenen Fahrzeuges mit LIM-Antrieb

6 Abschließende Bemerkungen

Infolge kürzerer Züge können die Bahnhöfe kompakter angelegt werden und auf der ganzen Zuglänge Witterungsschutz gewähren. Die Bahnhofsgleise sind ebenfalls als Feste Fahrbahn zu errichten und regelmäßig mit Reinigungsfahrzeugen abzusaugen. Sauberkeit im Bahnhof zusammen mit Sicherheit für die Reisenden sind unabdingbare Forderungen an den Verkehrsträger. Dies ist derzeit ebenfalls nicht überall im notwendigen Maß gegeben.

Einen Überblick über Innovationen für den Verkehr von Morgen gibt es alle zwei Jahre auf der Messe InnoTrans in Berlin. Neben dem bereits erwähnten NextGenerationTrain des DLR ist auch das Hochgeschwindigkeitssystem HYPERLOOP des kalifornischen Unternehmers und Visionärs Elon Musk vorgestellt worden [7]. Dabei sollen die Fahrzeuge in einer evakuierten Röhre eine Geschwindigkeit von mindestens 1200 km/h erreichen. Abgesehen von enormen ungelösten technischen und Sicherheitsproblemen darf bezweifelt werden, ob sich Menschen in eine evakuierte Röhre zwängen lassen, zumal im Unglücksfall jederzeit und überall ein Notausstieg möglich sein muß. Für den Gütertransport allerdings ist dieses System eher geeignet auch angesichts des stetig steigenden Luftfrachtvolumens. Das wäre dann eine Weiterentwicklung der klassischen Rohrpost. Ein ähnliches Ziel verfolgt das Schweizer Projekt Cargo Sous Terrain [8], allerdings im Nahverkehrsbereich mit geringen Geschwindigkeiten.

Insgesamt dringlicher erscheint dem Autor jedoch, die klaffende Lücke zwischen den derzeitigen 300 km/h und der visionären Überschall-Geschwindigkeit zu schließen, und das könnte in überschaubarer Zeit mit den vorgeschlagenen LIM-getriebenen Schienenfahrzeugen gelingen, zumal die Basis-Technologien dafür heute bereits verfügbar sind.

Abschließend noch eine grundlegende Bemerkung zum Streckenausbau der DB: Die Neubaustrecken sind für eine Maximalgeschwindigkeit von 300 km/h ausgelegt, obwohl auch deutsche Hersteller bereits heute Fahrzeuge für 350 km/h anbieten. Bekannt ist, dass z. B. der chinesische Hersteller CRRC mit Hochdruck an Triebwagen für 400 km/h Höchstgeschwindigkeit arbeitet. In Deutschland werden aber derzeit lediglich Fahrzeuge für 250 und 320 km/h in Auftrag gegeben. Das Beispiel TRANSRAPID hat jedoch eindrücklich und schmerzhaft gezeigt, dass eine Technik nicht exportiert werden kann, welche im eigenen Land nicht angewendet wird.

Schnellbahnen USA

In den Vereinigten Staaten von Amerika, dem Land der Automobile, zeichnet sich eine Wende ab hin zur Eisenbahn, auch zur Schnellbahn. Nach dem Bau der Eisenbahnstrecke San Francisco-Bakersfield [9] hauptsächlich mit Mitteln des Staates Kalifornien ist derzeit eine Schnellbahnverbindung Los Angeles-Las Vegas im Bau. Diese Linie wird von der privaten Firma Brightline West [10] gebaut und verläuft mit Unterstützung der amerikanischen Bundesregierung überwiegend auf dem Mittelstreifen der Autobahn I-15, welcher Platz genug bietet für eine zweigleisige Strecke. Diese ist für breitere und damit komfortablere Züge als bisher vorgesehen und ist elektrifiziert.

Die Fahrzeuge werden von Siemens USA geliefert und sind Weiterentwicklungen der Velaro-Familie. Sie sollen den Anstieg zum Cajon-Paß mit rund 30 ‰ Steigung mit 250 km/h bewältigen, den Rest in der Mojave-Wüste bis Las Vegas mit 350 km/h. Somit werden sie eine ernsthafte Konkurrenz zum Flugverkehr.

Beide erwähnten Strecken sind derzeit Inseln und man wird mit Interesse verfolgen, wie sich die Brightline-Strecke mit ihrer Überbreite der Fahrzeuge in das künftige Schnellbahnnetz der USA eingliedert. Dieses weist bis dato ein schmaleres Lichtraumprofil auf.

Literatur

1. Breimeier, R.: Güter gehören auf die Bahn: Autobahnen oder Eisenbahnen? Teil 2. ERI Eisenbahn Revue International 7/2013, S. 370–375
2. Siegmann, J.: Neuer Schienengüterverkehr in Europa: effektiver, wirtschaftlicher, leiser und energieärmer. ETR Eisenbahntechnische Rundschau Mai 2014, S. 10–15
3. Boysen, H.E.: Entwicklung größerer Lademaße für Europa. ETR Eisenbahntechnische Rundschau Juli-August 2014, S. 38–43
4. Jänsch, E., Puschmann, R.: Lichtraumprofile: Vom ERL über G2 zu GC. ETR Eisenbahntechnische Rundschau Jan+Feb 2024, Nr 1+2, S. 61–65
5. Next Generation Train NGT: www.dlr.de
6. Netzel, A.: Talgo XXI – zuverlässige Neigetechnik im hochwertigen Reisezugverkehr. ZEVrail Glasers Annalen 2002, H.9, S. 404–414
7. Musk, E.: www.hyperloop-one.com
8. www.cargosousterrain.ch
9. California Highspeed Rail Authority CHSRA: www.hsr.ca.gov
10. Brightline West: www.brightlinewest.com

R. Fleiss, *Das Rad/Schiene-System der Eisenbahn*,
https://doi.org/10.1007/978-3-662-72159-9

FSC
www.fsc.org
MIX
Papier | Fördert
gute Waldnutzung
FSC® C083411

Kolibri 360 GmbH
Ferdinand-Jühlke-Straße 7
99095 Erfurt, Deutschland
produktsicherheit@kolibri360.de